U0382493

　　本书得到江西省高校人文社会科学重点研究基地"宜春学院农村社会建设研究中心"资助

农村生态文明建设
实践问题研究

周黎鸿 著

中国社会科学出版社

图书在版编目（CIP）数据

农村生态文明建设实践问题研究／周黎鸿著.—北京：
中国社会科学出版社，2021.12
ISBN 978-7-5203-9505-2

Ⅰ.①农…　Ⅱ.①周…　Ⅲ.①农村生态环境—生态环境
建设—研究—中国　Ⅳ.①X321.2

中国版本图书馆 CIP 数据核字（2021）第 270262 号

出 版 人　赵剑英
责任编辑　孔继萍
责任校对　杨　林
责任印制　郝美娜

出　　　版　中国社会科学出版社
社　　　址　北京鼓楼西大街甲 158 号
邮　　　编　100720
网　　　址　http://www.csspw.cn
发 行 部　010－84083685
门 市 部　010－84029450
经　　　销　新华书店及其他书店

印刷装订　北京君升印刷有限公司
版　　　次　2021 年 12 月第 1 版
印　　　次　2021 年 12 月第 1 次印刷

开　　　本　710×1000　1/16
印　　　张　15.25
插　　　页　2
字　　　数　241 千字
定　　　价　88.00 元

目　　录

第 一 章

导　论

第一节　研究背景与意义

一　研究背景

人类从原始社会的蛮荒生活开始，经历漫长的历史演化进入了农耕社会和农业文明时代。此后，随着人类社会的三次大分工，社会组织形式逐步分化为传统农村和集镇。随着商品交换的深入发展，商业、服务业等日益繁荣，集镇规模进一步扩大，最终形成了现代意义上的城市。然而，由于城市和农村二者之间在产业结构、生活方式、生活水平、基础设施、公共服务等方面的不同，城乡差别也随之产生。这一差别在工业化进程中进一步扩大。为了缩小甚至消除这种差别，人类不断利用经济、科技、政策等手段加快农村建设，实现农村全面发展。其中内含调整农村产业结构，提高农业经济效益，增加农民收入；传承和发展农村乡土文化，引导农村社会由传统向现代转型和发展；保护和合理利用农村土地、森林、草原、矿藏、水源等重要资源，加强农村生态污染治理，实现农村生态良性发展。应当说，世界上所有国家都曾经历或正在经历这一过程的演进。中国农村生态文明建设正是新时代国家提出的旨在推进农村经济社会生态全面发展的重大决策。

（一）国际背景

随着工业化和经济全球化深入推进，生态污染问题正不断向农村蔓延，已成为全球性的紧迫问题之一。如何加强农村生态文明建设以应对农村生态失衡的危机，也成为全人类共同关注的焦点。美国、欧盟等国家和地区通过制定相应的法律法规、发展生态环保技术、运用先进的生态农业发展模式、创新管理和技术手段，逐渐遏制了农村生态恶化的趋势。

在亚洲，韩国在 20 世纪 60 年代初就开始实施举世闻名的"新村运动"，希望通过发展绿色农业等途径，来实现农村建设的资源节约和环境友好等目标。随后，为解决"新村运动"中出现的因农药、化肥的过度使用而导致生态系统紊乱、土壤和水的污染及农业生态的持续污染等问题，韩国开始了新一轮的以农村经济与农村生态协调发展为核心的运动，即新环境农业运动。通过采取亲环境农产品认证标志制度、亲环境农业直接支付制度和发展循环型农业等措施，迅速遏制了农村生态恶化的势头。韩国对环境友好性的重视一定程度上代表了世界农村生态文明建设的趋势。

日本在 20 世纪 70 年代末也开始了"造村运动"，提倡"一村一品"运动，即在政府引导和支持下，以行政区和地方特色产品为基础，形成区域经济发展的模式。随着"造村运动"的发展，其内容也扩展到整个生活层面，尤其重视农村生态保护和治理，如逐步加大对农村生态污染治理方面的财政投入、注重发挥法律法规的规制作用来规范农业生产行为、加强农村生态的监测和治理等，极大地促进了日本农村生态文明建设进程。

总体而言，欧美主要发达国家、日本、韩国等农村生态文明建设比较成功，既振兴了农业和农村，缩小了城乡差距，又避免了农村生态环境的破坏，从而实现城乡经济、生态等的统筹和协调发展，为我国进行农村生态文明建设提供了有益的经验和启示。

然而，与此相反的是，许多拉美国家在农业现代化的进程中不注重生态保护，在农村经济发展的同时，农村生态质量每况愈下，从而加速了整个国家生态恶化的进程。一是大量砍伐森林致水土流失，生态系统破坏，区域气候变化异常，反过来阻碍了农村经济的进一步发展，海洋资源也因此受到严重影响；二是农业边疆不断向热带和亚热带拓展，不当利用土地、人口的无序迁徙、过度垦殖和放牧，以及对水资源的管理不善，使拉美和加勒比地区的农业生态进一步恶化；三是土地占有和使用方式不当、过度开垦和不当灌溉导致土壤沙化、盐碱化、红壤化现象严重，土地生产力急剧下降；四是为了增加土地的产出率，农民大量使用化肥、农药、除草剂等，严重污染和破坏土地，土地质量进一步下降。拉美国家城市化的无序状态和农村建设的生态破坏，正是我国农村生态文明建设的前车之鉴。

（二）国内背景

我国是一个传统的农业大国。几千年的封建统治和自给自足的小农经济，形成了我国特有的农村格局和社会现象。首先，我国农村带有非常浓厚的宗族色彩和宗法思想，宗族习惯势力强大。我国村庄的形成方式大致有两种：一种是因宗族繁衍的自然形成方式，是我国村庄形成的主要方式；另一种是因战争、自然灾害或政府工程等移民的人为形成方式。无论哪种形成方式，村民一旦定居，则世代固守土地，在该地繁衍生息，很少流动。即使入朝为官，出门经商，年老之后大多回归故里。可见，我国乡村社会的宗族色彩和宗法思想根深蒂固，宗族习惯势力影响深远。其次，农民对土地的人身依附关系非常密切。我国几千年封建社会中农业生产力低下，生产方式落后，商品经济不发达，农村经济以自给自足的小农经济为主。土地是农民的命根子，在农村担负着多种社会功能。土地既是农村的主要生产资料、家庭生活的经济保障，也是广大农民的就业场所。

新中国成立后，国家首先对农村进行土地改革，变封建土地所有制为农民土地私有制，后来又实行农业合作化的变革，将农民土地收归集体所有，但是并未从根本上改变我国农村的现状和特点。1978年党的十一届三中全会后，我国实行改革开放政策，在农村实行家庭联产承包责任制，从而大大调动了农民的生产积极性提高了农业劳动生产率。许多农民从土地的束缚中解放出来，他们走进城市，以出卖自己的劳动力获得劳动报酬，成为城镇工人的一部分，即农民工。高考制度也使许多农民子弟走出农村，成为城市居民。经过几十年的改革开放，我国农村的经济和社会结构发生了翻天覆地的变化：土地不再是农民的唯一依靠，许多村办企业蓬勃发展，农民生活水平大幅度提高，人口流动频繁，农业人口相对减少，科技文化水平大大提高，宗族观念有所减弱，城镇化步伐也明显加快。然而，在我国农村经济社会迅速发展的同时，生态问题也日显突出。

1. "散乱污"企业分布广，治理措施严重滞后。乡镇企业是推动农村经济增长的主要实体。改革开放 40 多年来，乡镇企业日新月异，取得了长足进步，既转移了农村劳动力又极大地促进了经济社会发展和经济增长。但是乡镇企业很多都属于重污染领域，如水泥化工、造纸印染等，一般都带有布局不合理、技术要求不高、经营方式落后、管理不科学等弊端。随着污染企业"上山下乡"进行污染转移，小散企业逐渐成为农村经济社会发展的主流，不少村庄成了新的"生态灾区"，在实际生产经营过程中，多数村办企业为了片面追求经济效益，而减少治理污染的费用，没有构建排污设施，随意倾倒、排放有毒有害物质侵占河道、良田，造成农村空气、水、土壤等生态质量恶化，不少河道黑臭甚至被填没，周边空气刺鼻有毒，水质、土壤重金属超标，农民生活质量下降，癌症发病率增高。以高投入低产出为特征的粗放型发展模式严重污染了农村生态环境，但由于农村地理位置多偏僻、监管普遍薄弱，工业污染治理常常无从下手，甚至被忽略。

2. 农村生态基础设施匮乏。2016 年全国农村生活污水处理率仅为 22%。根据《2015 年中国环境状况公报》数据显示，2015 年全国城市污水处理率已达到 91.9%，而行政村的污水处理率只有 11.4%①。

3. 农村生活垃圾处理措施不当。农村生活垃圾被随意抛弃，形成垃圾绕村、围河、堵门的现象，严重困扰着村民的生活。垃圾中的有毒有害物质被雨水冲刷后，混合流入地表饮用水源，对农民饮用水健康有极大威胁。尽管部分村庄对村内堆积的生活垃圾进行了清理，但局限于露天焚烧、简易填埋，没有任何防护措施，不仅污染了大气和土壤，也为以后的生态健康埋下了隐患。

4. 农村饮用水安全存在隐患，土壤重金属含量超标。目前大部分地区的农村仅仅是解决了饮水难问题，但饮用水的安全隐患突出。根据 2015 年公布的《全国农业可持续发展规划（2015—2030 年)》统计数据显示，耕地质量下降、黑土层变薄、土壤酸化、耕作层变浅等问题早已呈现。2014 年 4 月 17 日，环境保护部和国土资源部联合颁发的《全国土壤污染状况调查公报》相关数据显示，全国土壤主要污染物点位超标率为 16.1%，耕地点位超标率占总超标率的 19.4%，且污染类型以无机型

---

① 刘俊新：《农村污水处理需因地制宜》，《中华建设》2017 年第 9 期，第 12—13 页。

为主,有机型次之,无机污染物中重金属超标现象严重。从污染分布情况看,南方土壤污染重于北方,长江三角洲、珠江三角洲、东北老工业基地等部分区域土壤污染问题较为突出,西南、中南地区土壤重金属超标范围较大,土壤环境保护的压力巨大。

全国土壤主要重金属点位超标率统计(环境保护部,2014 年)

单位:%

镉	汞	砷	铜	铅	铬	锌	镍
7.0	1.6	2.7	2.1	1.5	1.1	0.9	4.8

5. 农村生态治理体系存在问题。其一是对农村生态治理重要性认识不到位,积极作为的意识缺乏。长期以来,人们一直关注城市的研究与发展,对农村无序发展和农村生态治理工作不重视,忽视农村生态治理,形成了城市与农村的"二元结构",造成了农村聚落发展空间无序、自然生态失衡、人文景观破坏、公共基础设施落后、传统文化衰落甚至消亡等严重后果。一些地方党委、政府未牢固树立"绿水青山就是金山银山"的理念,没有充分认识到搞好农村生态文明建设是全面建成小康社会的题中应有之义,未能把农村生态文明建设摆上"三农"工作的重要议事日程统筹安排。一些干部观念陈旧,认为农村天地广阔,有点污染没关系,对农村生态污染睁一只眼闭一只眼,缺少改善农村生态状况的紧迫感和危机感。国家提出的村庄规划、基础设施建设和运营、投融资渠道等政策要求执行不到位,配套措施不到位,目标责任不到位。其二是农村生态治理体制机制不顺,统筹措施不到位。目前我国农村生态治理的政府部门职能交叉,责任边界不清。住建部门负责农村生态文明建设,农业部门负责美丽乡村建设,环保部门负责农村生态综合整治,卫计部门负责改水改厕,水务部门负责污水处理。在实际工作中,涉及农村生态综合整治的河道疏浚保洁、污水垃圾治理、改水改厕、沼气建设、通村公路、村庄绿化等,由各部门各自布置实施,缺乏系统性、时序性、协同性。仅农村生活污水治理就涉及住建、农业、环保、水利、卫生等多个部门,秸秆的综合利用涉及发改、农业、科技等多个部门。任务多头部署,资金渠道各不相同,导致项目布局分散,投入不够集中。县级

政府统筹协调不够，基层干部反映，村里一条路，一两年要挖开多次，分别建设不同的设施，由于缺乏统筹，不仅浪费资金，而且综合整治成效不明显。一些村镇甚至出现"河里垃圾捞到路边、路边垃圾扫到河里"的现象。其三是乡村自治体系尚未形成，村民参与生态文明建设的内生动力不足。目前，农村生态治理主要依靠各级政府推动，村民自治组织在生态治理中的作用发挥不够。缺乏村民自治组织开展生态治理的责任机制和激励机制，村规民约的责任约束力不强，乡村规划及方案政策等制定时未充分与村民沟通商议，容易脱离村民的实际需求与期待。村民受生活习惯和经济社会发展水平的影响，对生态诉求各不相同，参与农村生态治理的自觉性、主动性不高。现有机制未将农村生态治理与村民自身利益挂钩，村民无法从生态治理中受益，难以激发积极性，难以形成村民参与生态治理的持续内生动力。其四是治理技术实用性不强，科技服务支撑能力薄弱。针对我国各地不同类型村庄的污染治理，缺乏分区分类技术路线，一些地方简单照搬城市污染治理技术，没有结合当地实际因地制宜采取针对性的治理技术和模式，片面追求"高大上"，治理标准"一刀切"，没有建立"户分类、村组收集、乡镇转运、市县处理"与"户分类、村组收集、乡镇（或村）就地处理"相结合的农村垃圾处置体系。缺乏农民愿意使用的运行维护成本低、操作简便的系列化、成套化和设备化的实用技术和产品，导致污染治理设施建设和运行成本过高，难以持续。缺乏农村污水、垃圾等治理技术规范，农村生态治理的范围广、领域宽、内容杂。垃圾污水治理的设施类型、规模标准不清，治理技术和设施五花八门，治理效果参差不齐。由于缺乏专业生态治理的技术人员，社会化的专业技术力量尚未形成，县乡村面对五花八门的农村生态治理技术和产品，不会选、不会用、不会管。

近年来为治理日益严峻的农村生态问题，国家采取了一系列措施。2012 年 11 月，党的十八大把中国特色社会主义事业总体布局由经济建设、政治建设、文化建设、社会建设"四位一体"发展为包括生态文明建设的"五位一体"，体现了生态文明建设的突出地位。2013 年 11 月，十八届三中全会通过的《中共中央关于全面深化改革若干重大问题的决定》提出要加快生态文明制度建设。2014 年 5 月，国务院办公厅颁布的《关于改善农村人居环境的指导意见》阐明要持续推进农村人居环境改善。2015 年，中共中央、国务院印发的《关于加快推进生态文明建设的意见》明确提出加快美丽乡村建设。2017 年 10 月 28 日，习近平在党的十九大报告中提出要加快生态文明体制改革，建设美丽中国。2018 年 6 月，中共中央、国务院颁发的《关于全面加强生态环境保护坚决打好污染防治攻坚战的意见》提出要坚决打赢蓝天保卫战，着力打好碧水保卫战，扎实推进净土保卫战。加快生态保护与修复，改革完善生态环境治理体系。2018 年 9 月，中共中央、国务院印发的《乡村振兴战略规划（2018—2022 年)》提出要推动乡村生态振兴，建设生态宜居美丽乡村。

与此同时，全国各地的农村生态文明建设如火如荼地展开，农村生态环境综合整治工作取得一定实效。2019 年 11 月 29 日，生态环境部召开例行新闻发布会时公布，在中央财政的大力支持下，累计安排专项资金 537 亿元，支持各地开展农村生活污水和垃圾处理、畜禽养殖污染治理、饮用水水源地保护等，目前共完成 17.9 万个村庄整治，建成农村生活污水处理设施近 30 万套，2 亿多农村人口受益；其中"十三五"以来安排资金 222 亿元，支持各地实现 10.1 万多个村庄环境整治，完成《水污染防治行动计划》确定的"十三五"新增 13 万个建制村环境综合整治目标任务的 77%。整治后村庄的"脏乱差"问题得到初步解决，农村居民的获得感、安全感和幸福感增强。

正是在这一背景下，本书希望通过实地调查，采用"自下而上"（行动到政策）与"自上而下"（政策到行动）相结合的视角，力求通过对不同人群、不同地域的农村生态文明建设的调查研究，从政策设计、社会认知、实践机制、政策绩效等层面分析农村生态文明建设中存在的问题，并据此对当前农村生态文明建设提出新的思考。本书尝试回答以下几个问题：农村生态文明建设的政策设计是否符合当前乡村振兴的现实需要？农民的社会认知状况反映了他们对农村生态文明建设的何种态度和诉求？基层干部对农村生态文明建设的社会认知和农民有何不同？农村生态文明建设各方行动者的社会心态如何？农村生态文明建设的实践机制存在哪些问题？原因是什么？农村生态文明建设的政策目标、实践机制和实践效果之间的衔接是否良好？农村生态文明建设持续推进的新思维、新路径是什么？

二 研究意义

加强农村生态文明建设不仅能使农村经济从传统的粗放型增长方式中摆脱出来，使农民生活从"脏乱差"的状态中解脱出来，还能为解决我国农村生态问题提供难得机遇。加强对农村生态文明建设实践问题的研究，既有利于建设新时代环境友好型和资源节约型社会，也有利于拓展社会学理论的应用领域和调动广大农民建设农村生态文明的积极性。

（一）理论意义

1. 为农村生态文明建设规范化做理论铺垫

农村生态问题不仅威胁着农民的身体健康，而且制约农村经济社会的进一步发展。农村生态文明建设现状既违背了生态公平的价值，又损害了农村居民的生态权益，有悖于国家的公平、公正、平等、人权保障等价值理念。从公平公正的角度看，城乡居民应该平等地享受清洁、健康的生态环境，城乡统筹不仅是对经济社会发展成果和公共服务分配的统筹，也是对生态保护的统筹。在城镇居民享受了现代化带来的绝大多数成果的同时却将资源破坏、环境污染等不利后果往农村转移，这是一种不公平的行为，必须予以矫正，而且由于城乡差别，广大农村并未获得真正平等享受诸如清新的空气、清洁的水源、美好的风景等生态权益的机会。换句话说，农村居民缺乏平等享有生态权益的规范保障。建设农村生态文明，必须走规范化道路。建立农村生态文明建设的长效机制，必须建立完备的农村生态文明建设规范体系。这就需要考察、分析我国农村目前生态文明建设的现实状况和重大问题，探寻背后的社会原因以及更深层次的政策原因，并借鉴世界农村生态文明建设成功国家的经验，健全、完善我国农村生态文明建设规范体系。因此，研究农村生态文明建设实践问题不仅是实现生态公平公正价值、保障农村居民生态权益的实践要求，也能为实现农村生态文明建设规范化做理论准备。

2. 为社会学理论找到一个新的应用领域

用社会学理论研究农村生态文明建设实践问题不仅有利于提高农村生态文明建设实践的有效性，还能丰富社会学理论。就拿社会资本理论的运用来说，在农村生态文明建设实践中，要是我们能够找寻出社会资本对农村生态文明建设的作用机理，探索出社会资本对农村生态文明建设的影响方式，我们就能够在实践中通过改善和培育农村的社会资本，提高农村生态文明建设实效。

（二）实践意义

1. 有利于建设新时代资源节约型和环境友好型社会

面对我国城市生态污染、生态破坏和资源浪费不利于可持续发展的局面，以及农村作为我国资源主要分布区域和生态污染重灾区的现状，党的十六届五中全会明确提出了"建设资源节约型、环境友好型社会"（简称"两型社会"），并首次把建设"两型社会"确定为国民经济与社会发展中长期规划的一项战略任务。环境友好型社会的核心是从新发展观念、新消费理念和社会经济政策的环境友好性，也就是从源头上预防污染产生和生态破坏。资源节约型社会的核心是要求综合采取法律、行政、经济、技术等措施，在全体社会成员的参与下，提高资源的有效利用。然而，进入新时代以来，在城乡二元分化、环保监管缺位、污染的城乡转移、环保意识匮乏和制度缺失等多种因素作用下，我国农村生态状况日益恶化，对新时代建设"两型社会"带来严重影响。因此，认真研究农村生态文明建设实践问题并提出应对策略，能对建设新时代"两型"社会，实现城乡生态一体化格局有所帮助。

2. 有利于调动农民参与农村生态文明建设的积极性

当前，由于农村落后生产方式和农民不良生活习惯的双重作用，农村生态文明建设实践过程中的问题日益突显，如农民参与农村生态文明建设的主体责任意识不强，建设内容上的物质化、政绩化和趋同化严重，建设资源分配上存在二元化现象，农村生态文明建设绩效考核出现的考核主体单一、考核指标模糊以及考核内容上的"选避"性等。通过对这些问题的剖析，能够在一定程度上帮助农民意识到自身的责任和加强生态文明建设的重要意义，帮助其改变生活习惯，改良生产方式，从而积极投身到农村生态文明建设的实践中去。

第二节　研究现状与方案

一　研究现状

（一）国外研究综述

国外虽然鲜有关于我国农村生态文明建设实践方面的直接成果，不过在对农村现代化进程中的生态问题的研究和实践中，部分国家还是起步较早，有经验可供借鉴。

1. 重视农村生态文明建设的政策设计

1955—1972 年日本富山县神通川流域发生世界著名的八大公害事件之一的"痛痛病事件"。因上游锌冶炼厂排出含镉废水污染下游地区水体，居民用河水灌田，导致农村水污染和土壤污染，使稻米含镉增高；食用含镉稻米和饮用含镉水的居民，不断出现"痛痛病"现象。在这种背景下，日本开始重视和研究农村生态文明建设的政策设计问题。在 1970 年日本国会在修改公害对策基本法时，将典型公害种类扩大到"土壤污染"，后来颁布了《关于防止农用土地土壤污染的法律》。日本著名的环境专家原田尚彦教授早就看到了土壤污染和大气污染、水污染等的密切联系，认为要防患土壤污染于未然，应该通过加强大气污染防治法和水质污染防治法的执行力度，从污染源头减少相关污染物排放而达到有效防治土壤污染之目的。

20 世纪 80 年代以来，美国一些土著居民居住的农村地区森林资源受到严重破坏，生态遭到严重污染，许多学者和非政府组织开始关注农村生态保护问题，形成了"环境正义"理论和相关运动。随后学者们运用罗尔斯的"正义论"，针对实然的环境非正义提出了救济的原则。其核心是公平地分配环境费用和负担，"作为公平的环境正义"，包括代内、代际和国际环境正义。[①] 法律学者从法学视角对"环境正义"运动推波助澜，不断丰富法律正义价值的基本内涵并将其付诸立法实践。如美国克林顿总统的《第 12898 号行政令——在执行联邦行动时为少数民族居民和低收入居民实现环境正义》（1994 年发布）、《环境正义模范法典》

---

① 文同爱：《美国环境正义立法评介》，《环境资源法论丛》2005 年第 00 期，第 138 页。

（1994 年发表、1995 年修订）等亦为例。需要说明的是，美国的这种农村生态文明建设，是从有色人种或土著居民的资源和生态保护的公平正义之视角展开的，具有浓厚的反生态种族歧视色彩，和我国的城乡二元视角有一定区别。

2. 从优势视角出发，指出在具体实践中不要只看到农民的缺点，而应该更多地去发挥他们的优势。韩国在这方面具有代表性。20 世纪 70 年代，韩国开始了著名的"新村运动"，旨在通过不断加大包括农村生态文明建设在内的农村建设力度，激励国民大力弘扬"勤勉、自助、合作"的精神，最大限度地调动农民的主体性、积极性和创造性，从而达到农业发展、农村进步、农民增收和农村面貌改善的目的。

3. 在发挥农村生态文明建设政策绩效方面，比较有代表性的是美国的 LISA 模式，这是一种低投入的农业发展模式，该模式有两个重点：一是主张在农业生产过程中要充分考虑当地的自然生态环境以及农作物自身的生长特性；二是尽可能少使用农药化肥。LISA 模式的推行，既维护了生态平衡，又获得了经济效益，从而使得可持续发展的政策绩效在农业方面得以显现。

此外，有些国外学者专家也重视对我国"三农"问题的研究，不过他们把关注的重点放在对我国农村的经济、政治和人文等领域，美国学者明恩溥（2001）、黄宗智（2000）等就探讨了我国农村的变迁情况。尽管国外的这些成果大部分集中在农业农村农民问题上而鲜有对我国农村生态文明建设问题的直接研究，但对拓宽我国农村生态文明建设的研究领域还是有一定借鉴意义的。

（二）国内研究综述

近年来，农村生态文明建设问题引起国家的高度重视，相继出台了一系列相关文件，理论界的研究成果也不断增多，不过相对于城市而言，农村生态文明建设问题无论在实践层面还是理论层面都是一块"短板"，主要的研究成果有以下几个方面：

1. 关于农村生态文明建设的社会认知的相关研究

赵诗翘（2017）专门研究了我国公民的生态文明认知问题，将我国公民生态文明的认知具体化为知晓度、认同度、满意度和践行度四个维度，在此基础上剖析了国内公众生态文明认知的状况，指出现在国内公众生态文明认知展现出显著的差异性特征，并提出了调节公众生态文明认知差异的途径。梁伟军、胡世文（2018）以调研数据为支撑研究农民对生态文明建设的政策认知，分析农民在参与农村生态文明建设中所体现的政治理性、经济理性、社会理性、生态理性等特征，认为当前农民对生态文明建设的政策认知水平总体较高，但面对农业清洁生产并不理想，农民绿色生活方式有待改善，农村生态文明建设成效尚不明显的状况，很有必要提升农民生态文明政策认知水平，形成生态意识行为自觉。张祖成、董园飞（2019）以农民为研究主体，分析农村生态文明建设过程中农民的政策认知、环保意识及绿色生活状况，在此基础上提出加强农村生态文明建设的相关对策。

2. 关于农村生态文明建设的政策（制度）设计的相关研究

王明初、杨英姿（2011）指出，生态文明建设应以遵循自然规律为准则，以经济可持续发展和经济社会永续发展为首要任务，构造资源节约型、环境友好型社会。李娟（2013）提出中国生态文明建设的战略选择是：提升公民环境素质、打造生态文明复合资本、培育绿色消费模式、广泛开展环境外交和完善环境制度。赵明霞、包景岭和常文韬（2014）提出农村生态文明制度建设是贯彻国家战略决策的重要内容，是促进农村经济、社会和文化健康发展的紧迫任务，应当通过科学设计农村生态文明建设制度体系、创新资源环境管理机制、加强生态环保法制和完善生态教育制度等手段，为农村生态文明建设提供强劲的推动力。赵明霞（2015）谈到所有生态问题均与人类活动的无序膨胀有关，生态危机的出现很大程度上反映了当前制度建设的问题和欠缺。因此，将生态问题置于制度框架内，给予足够的制度支撑，是生态文明建设的基础条件。生态文明建设是破解农村生态环境保护与社会经济发展难题的唯一途径。而农村生态文明制度建设正是基于我国农村这一特殊自然社会背景，构建能够支持、保障和推动农村经济社会发展和资源环境相协调、人与自然和谐发展的制度的实践过程。刘晓光、侯晓菁（2015）基于制度理论的规制、规范和文化—认知等三要素分析框架，分析了当前中国农村生态文明建设政策在源头预防、过程控制、损害赔偿、责任追究等方面的文本，从增强农村生态文明建设的主动性、可操作性和宣传教育等方面提出了相关政策建议。刘鹤挺（2018）专门阐述了农村生态文明建设的法治支撑问题，他提出法治保障是新时代开展农村生态文明建设工作的基础，当下要完善农村环境保护法律体系，提高农村居民的生态环保意识。邵光学（2020）指出目前我国农村生态文明建设立法相对滞后，法律法规体系仍需健全；农村生态环境管理体制不健全，监管不畅不到位。为此还需加强农村生态法治建设，依法保护农村环境；健全农村生态环境管理机构，加强农村生态环境管理。

3. 从缺乏视角论述农村、农民和政府存在的缺陷和不足

有些学者从农民环保意识淡薄、农民价值观的偏差、农民素质问题等角度论述了农村生态文明建设中农民方面的问题（管爱华，2009；杨海蛟，2013；曾雅丽，2013；王绍芳，2010）。宋捷（2013）和陈叶兰（2013）则探讨了政府方面的问题。有些学者从某一地域的实际情况出发来分析农村生态文明建设中存在的问题及对策，这些成果从地域特色出发，总结了农村生态文明建设实践的典型经验（刘新成，2011；倪志荣，2012；熊小林，2013）。张月昕（2017）面对农村生态环境逐渐得到改善但农民却不断逃离乡村的怪象，认为究其根本原因，在于农民以自豪感为核心的本体性价值满足和以成就感为核心的社会性价值满足发生了严重缺失。何水（2018）认为当前我国农村生态文明法治建设面临主体法治理念缺失、法律规范体系不健全、法治实施效率低、法治监督体系不严密四大现实困境。破解农村生态文明法治建设的现实困境，须从彰显科学的生态文明法治理念、构建完备的生态文明法律规范体系、建立高效的生态文明法治实施体系、构筑严密的生态文明法治监督体系等方面采取针对性措施。

4. 农村生态文明建设的绩效评估的相关研究

李宪松和王俊芹（2012）结合农村生态文明建设的评价指标体系，设计了四个方面24个评价指标体系。严耕（2010、2011、2012）从生态活力、环境质量、社会发展、协调程度、转移贡献五个领域对我国31个省份进行了综合评价。李代明（2018）从具体机制创新角度提出了地方政府生态治理绩效考评机制的创新路径：一是要健全地方政府生态治理绩效考评信息管理机制，通过完善地方政府生态治理绩效考评信息保真机制、信息公开机制和信息共享机制来尽可能消除信息不对称；二是要完善地方政府生态治理绩效考评指标调整机制，要通过对考评指标体系

的动态调整使得考评指标体系更完备、更科学；三是要创新地方政府生态治理绩效考评激励与约束机制，要通过完善地方政府生态治理绩效考评激励相容机制、专业监督机制和责任追究机制来规范和引导地方政府生态治理绩效考评沿着预设的路径进行；四是优化地方政府生态治理绩效考评结果运用机制，要通过地方政府生态治理绩效考评结果研判机制、执行机制和反馈机制落实和监督考评结果的实际运用效果。

　　总的来说，已有成果从社会认知、政策设计、实践问题和政策绩效等方面对农村生态文明建设进行了论述，为本书的写作提供了重要参考。但已有研究在以下两个方面还有进一步拓展的空间：一是研究视角方面，可以从社会学角度进一步加强实践与政策相结合方面的研究；二是研究内容方面，对农村生态文明建设实践中存在的政策堕距问题的研究有进一步深入的余地，尤其是对实践问题与政策堕距现象的相关性研究涉及不多。农村生态文明建设实践活动开展以来，到底实践机制状况如何？实践机制存在哪些问题？产生问题的原因是什么？这些问题对农村生态文明建设政策绩效的影响如何？政策堕距的状况如何？如何规避建设实践中的政策堕距问题？以上问题都需要进行科学的实证调查和系统的学理性分析，这正是本书的努力所在。

二　研究方案

（一）研究内容

　　本书选取一个农村生态文明建设试点村即美丽乡村和一个非试点村作为研究对象，主要从社会学的角度和政策设计、社会认知、实践机制和政策绩效四个层面，对我国农村生态文明建设的政策设计、参与方的社会认知状况、具体实践机制状况及其存在问题等方面进行了深入的调查思考，最后提出了农村生态文明建设的社会学思维路径。根据这一思路形成了如下研究内容：

　　1. 阐述了研究背景、研究意义、研究现状、理论基础和研究方案，并对相关概念进行了界定。

　　2. 重点分析了农村生态文明建设的政策设计、社会认知、实践机制和政策绩效的关系，其中农村生态文明建设的政策设计体现了以人为本的价值目标，彰显了社会公正的价值导向，指明了实现生活富裕的重要途径，内含了人与自然共生的生态伦理意蕴，从政策上为农村生态文明建设提供了有力保障。就农村生态文明建设的社会认知来说，这是人们围绕为什么要建设农村生态文明、怎样建设农村生态文明等问题进行的思考，经过一段时间的实践，已经在相关参与者的头脑中形成一个相对完整的思维图像。这一思维图像，建构了农村生态文明建设的逻辑图示，对这些认知情况的分析共同评价着农村生态文明建设从政策制定到具体实践再到实践效果的全过程。农村生态文明建设的实践机制情况探讨的是参与各方身上存在的问题以及在建设内容、资源分配等方面出现的问题。农村生态文明建设的政策绩效主要分析农村生态文明建设的实践效果，探讨其中产生的堕距问题。

3. 分析了农村生态文明建设的政策设计，认为农村生态文明建设政策设计是一个计划、安排、整理的过程，在这个过程中将预想的内容以某种具体形式展现出来，从而指导具体的实践活动。在进行农村生态文明建设的政策设计时，要遵循一定的设计理念和基本规律，搞好内容设计，唯有如此才能为解决农村生态文明建设实践中存在的问题提供根本保障。

4. 分析了农民和基层干部对农村生态文明建设的社会认知情况，主要是站在农民的立场和基层干部的视角分别呈现他们对农村生态文明建设的态度、看法和期待。国家大力推动农村生态文明建设工作以来，广大农村的面貌发生了不少的变化，农民的思想发生了一些转变，工作也取得了一定的成绩。各级政府部门从自身的角度对农村生态文明建设带来的积极意义进行了较多的关注，学者从专业知识领域对农村生态文明建设的方法路径、实践机制和存在的问题进行了学理性的思考，取得了较为丰富的研究成果。然而，作为农村生态文明建设主体即受益者的农民，他们心理到底是怎么想的，有什么期待，我们都不太清楚。基层干部对农村生态文明建设的真实意愿我们也无从知晓。因而，本书希望通过调查数据的分析来反映农民和基层干部对农村生态文明建设的认知情况。

5. 分析了农村生态文明建设实践机制状况，探讨了农村生态文明建设实践过程中利益相关者的心态，主要包括行政组织、村级组织、村民理事会、试点村群众、非试点村群众等的心态，认为在农村生态文明建设中，尽管所处地域不同，但是各参与主体对各自利益的关切心态具有相似性。

6. 分析了农村生态文明建设实践机制中出现的失范问题，主要体现在"试点"选择、行动主体、建设内容、资源分配、绩效考核等方面，指出造成失范的原因是多方面的，主要有主体参与意识不强、具体保障措施缺乏、以产业发展为支撑的经济发展滞后、村民整体素质低等。

7. 分析了农村生态文明建设政策绩效中的堕距问题。认为政策堕距包括上向堕距和下向堕距。政策上向堕距主要表现为政府出台的政策文本与政策改进目标之间出现差距和错位；政策下向堕距主要表现为实际中的政策执行情况与政策文本之间的差距和错位。政策堕距最终导致的结果是农村生态文明建设的政策绩效达不到预期目标。关于农村生态文明建设实践中存在的政策堕距问题，主要分析实践中存在的物质化（重基础设施建设）、政绩化（形象工程）、政府化（政府是主体）等状况与政策文本的价值目标之间存在的差距，同时还要分析政策堕距产生的深层次原因。

8. 提出了对于农村生态文明建设的思维路径。主要通过分析实践效果和实践目标存在差距的原因在于农民的主体地位得不到尊重，农民的潜力得不到激发，农民的优势得不到发挥和利用，并据此提出农村生态文明建设需要遵循以人为本的价值理念，实现思维方式由缺乏视角转向社会工作的优势视角，采取参与式发展模式，重视农村制度型社会资本的培育等思维路径。

（二）研究方法

1. 调查点选择的依据

本书对调查点的选择主要出于以下考虑：第一，作为农村生态文明建设的重要载体"美丽乡村"是新时代农村建设的升级版，选择一个试点村和一个非试点村是希望通过对比能够探讨出农村经济社会生态发展的不足，以便在后来的行动中得以完善。第二，原本打算从全国发达地区和欠发达地区抽取六个调查点，但在咨询相关专家时，有些专家建议选择一个点作深度调查，有些专家提出多选一些调查点以便数据更有说服力，综合考虑专家建议，最后决定选择两个调查点进行调研，这样好进行对比。第三，从调查方便的层面考虑，选择自己居住地附近进行调研，能获得较多的信息和社会资源。

2. 主要研究方法

（1）文献研究法。包括历史文献研究、统计文件研究和文献内容分析等，本书是在分析研究别人文献的基础上开展农村生态文明建设实践问题方面的研究。

（2）实地调查法。就是通过实地考察来了解农村生态文明建设实践问题的一种有目的的认识活动，它有利于提高研究的实效性。

（3）问卷调查法。通过设计问卷重点了解调查对象对农村生态文明建设政策与实践行动的态度、行为、意愿、建议以及村民的内部及外部社会关系的变化。

（4）个案研究法。围绕调查点的具体项目或事件，对调查点的村干部、村民进行具体深入访谈，具体了解他们对政策与实践的观点、看法及建议，另外，还向有关政策部门或有专长的专家学者虚心咨询相关问题。

第三节　理论创新及不足之处

一　理论创新

1. 关于农村生态文明建设政策绩效的堕距问题研究。主要分析由于农村生态文明建设实践机制状况并不理想，导致实践绩效也没有得到应有的体现，出现了政策堕距现象（政策的应然、当然、实然状况之间的差距）。其中政策的当然状态指称政策的文本或要义，政策的实然状态标示政策的执行状况，政策的应然状态暗示政策改进的目标。其中农村生态文明建设政策执行中出现的应然状态和当然状态之间的差距称之为政策上向堕距，政策当然状态和实然状态之间的差距称之为政策下向堕距。政策上向堕距的问题有两个方面，一方面是有些地方政府制定的政策文本存在一定程度的缺陷，导致实践起来较为困难；另一方面是政策文本在自上而下传达过程中存在传达失真、脱节等问题，使中央关于农村生态文明建设的精神内涵得不到较好地体现。政策下向堕距的问题也有两个方面，一方面是把农村生态文明建设作为"政绩工程"来开展；另一方面是在农村生态文明建设中农民的主体地位得不到尊重。

2. 提出了从缺乏视角向优势视角的思维转向问题，要求管理者转变观念，不能像过去那样碰到问题就归因于农民自身存在问题，应该反过来思考如何发挥农民的优势，如何通过提高农民自我发展的能力，最终达到社会工作所倡导的"助人自助"的目的。

3. 将社会资本理论引入农村生态文明建设实践问题的研究当中，提出要加紧培育农村生态文明制度型社会资本，尤其要在完善农村土地污染防治制度、完善农村畜禽养殖污染防治制度、完善农村生活污染防治制度以及完善农村饮用水源保护制度中加紧培育农村生态文明制度型社会资本。

4. 在研究视角方面，通过采用"自下而上"（行动到政策）与"自上而下"（政策到行动）相结合的社会学视角，力求通过对不同人群、不同地域的农村生态文明建设的调查研究，从政策设计、社会认知、实践机制、政策绩效等层面分析农村生态文明建设中存在的问题，在此基础上，对当前农村生态文明建设提出新的社会学思考。

二　不足之处

1. 用社会学理论和方法研究农村生态文明建设实践问题是一种尝试，在运用过程中尤其是在两者的结合上有进一步深入的空间。

2. 在用调研数据支撑研究结论方面有进一步拓展的空间，在调查问卷的设计上有些语言运用过于学术化，可能会造成调查对象理解上的困难。

3. 调查点的选取、调查数据的获取还有改进的余地。

总之，用社会学视角探讨农村生态文明建设实践问题是一种尝试，存在的不足之处也是把研究推向深入的动力，有利于在日后的工作中不断完善和发展，以期取得更好的成绩。

第二章

农村生态文明建设的理论
基础与经验借鉴

第一节　理论基础

工业革命的迅猛发展引发了一系列生态问题，严重危及人类的生存和发展，越来越多的有识之士开始反思传统经济发展模式以及人类一直以来对待自然万物所持有的自然价值观。在这样的背景下，人与自然的关系问题重新被提上了人类的议事日程，人类开始为生态文明建设问题或者更确切地说为实现人与自然的和谐共生不断探索，提出了一系列理论观点。

一　可持续发展理论

自 20 世纪下半叶以来，随着科技进步和社会生产力的极大提高，人类创造了前所未有的物质财富，加速了文明的发展进程。与此同时，人口剧增、资源过度消耗、环境污染、生态破坏等问题日益突出，严重地阻碍着经济的发展和人民生活质量的提高，继而威胁着全人类未来的生存和发展。在这种严峻形势下，人类不得不重新审视自己的经济社会行为和走过的历程，认识到通过高消耗追求经济数量增长和"先污染后治理"的传统发展模式已不再适应当今和未来发展的要求，必须努力寻求一条经济、社会、环境和资源相互协调的可持续发展道路。

（一）可持续发展理论的提出

可持续发展作为一种理论和战略，是国际社会对工业文明和现代化道路深刻反思的产物。当今世界，人们在追求经济增长的同时，从人类的生存环境、生活质量和长远利益出发，将社会、人口、环境、资源提上重要议事日程，不仅确认人类自身的发展权利，而且强调人和自然的协调发展。基于这种认识，1972年6月5日，联合国人类环境会议在瑞典首都斯德哥尔摩召开，第一次讨论全球环境问题及人类对于环境的权利与义务。大会通过了《人类环境宣言》，该宣言郑重申明：人类有权享有良好的环境，也有责任为子孙后代保护和改善环境；各国有责任确保不损害其他国家的环境；环境政策应当挖掘/激发发展中国家的发展潜力。会议确定每年6月5日为"世界环境日"，要求世界各国每年的这一天开展活动提醒人们注意保护环境。这次会议具有里程碑的意义，它第一次把发展与环境的关系问题摆在了世人面前，它是各国政府共同讨论环境问题的第一次首脑会议，随后成立了联合国环境规划署（United Nations Environment Programme，UNEP），作为协调全球环境问题的专门机构。

1987年，由当时的挪威首相布伦特兰夫人主持的世界环境与发展委员会发表了题为《我们共同的未来》的报告，正式提出了可持续发展的概念，即可持续发展是既满足当代人的需求，又不对后代人满足其需求的能力构成危害的发展。这一定义得到广泛认同，标志着可持续发展理论的产生。

1992年6月，联合国环境与发展大会在巴西里约热内卢召开，有183个国家和地区的代表参加，其中有102个国家元首或政府首脑出席。会议否定了工业革命以来高投入、高生产、高污染、高消费的传统发展模式，通过了《里约热内卢环境与发展宣言》《21世纪议程》《联合国气候变化框架公约》等重要文件，可持续发展作为一种新发展观和价值理念被国际社会确立下来。

2002年9月，联合国可持续发展世界首脑会议在南非约翰内斯堡召开，有192个国家和地区包括104位国家元首或政府首脑在内的代表共2万余人出席了会议，4000多家媒体向全世界报道了大会盛况。会议通过了《可持续发展世界首脑会议执行计划》和《约翰内斯堡可持续发展承诺》两个重要文件，并达成了一系列关于可持续发展行动的《伙伴关系项目倡议书》。这些文件明确了全球未来10—20年人类拯救地球、保护环境、消除贫困、促进繁荣的世界可持续发展的行动蓝图，对未来的环境和发展产生巨大而深远的影响。

从 1972 年人类环境会议到 2002 年地球首脑峰会，这 30 年的时间，是人类对可持续发展认识不断深化的过程，是全球面对共同挑战，实现协同发展的过程。可以说每一次联合国环境与发展会议，都有力地推动了国际社会对可持续发展的认识与合作。可持续发展已经从思想、观念变成了战略和行动。

（二）可持续发展的内涵

可持续发展（sustainable development）最早由联合国大会在 1980 年 3 月首次使用，1987 年由布伦特兰主持的《我们共同的未来》报告中提出的概念得到了国际社会的普遍认可，可持续发展是"既满足当代人的需求，又不对后代人满足其需求的能力构成危害的发展"。这一概念具有以下基本内涵：一是可持续发展的核心是发展，消除贫困是实现可持续发展的必不可少的条件；二是可持续发展以自然资源为基础，同资源承载能力相适应，不以环境污染、生态退化为代价来换得经济增长；三是可持续发展并不否定经济增长，但批判那种把增长等同于发展的传统模式，可持续发展强调提高生活质量，并与社会进步相适应。可持续发展是经济增长、社会进步和生态良好的统一；四是可持续发展的实施要以适宜的政策和法律体系为条件，强调综合决策与公众参与。在经济发展、人口、环境、资源、社会保障等各项立法和重大决策中，都必须贯彻和体现可持续发展的思想。

（三）可持续发展的基本原则

可持续发展作为一个具有丰富内涵的理论，包含以下四大基本原则：一是公平性原则，公平性是可持续发展的核心，主要强调代与代之间、代内之间以及人与动物之间的公平；二是共同性原则，我们人类面临着共同的挑战、共同的选择、共同的行动、共同的道路；三是协调性原则，包括人与自然的协调，经济、社会与自然系统的协调等；四是持续性原则，涉及人口增长、自然资源承载能力和环境容量的持续等。

就农村而言，生态的恶化导致环境的生态服务功能不断降低，自然资本存量持续减少，而超过环境容量的环境损害是不可逆的，因此，从可持续发展的要求和目标出发，加强农村生态文明建设，是实现经济社会可持续发展的必然选择。农村生态文明建设的主要使命就是通过人与自然的和谐和现代农业的发展来增加农民收入，提高广大农民的生活质量和健康水平，实现农业和农村经济的可持续发展，为农村政治民主和社会文明奠定一个坚实的物质基础。然而，这些目标的实现都离不开农村生态状况的根本性好转，离不开生态文明建设的全面推进。可以说，农村生态文明建设的推进，是农村经济社会可持续发展的客观要求和重中之重。

二　地理环境决定论

"地理环境决定论"，简单说来"就是地理环境决定社会性质和社会发展的理论"[1]。东西方学者在当时都曾对其进行了深入的分析和研究，取得了一系列研究成果。回顾和梳理"地理环境决定论"关于人地关系问题的理论，对于我们今天的农村生态文明建设仍然具有重要的启迪作用。"地理环境决定论"并非始于近代，它可以追溯到古希腊时期。这一时期是地理环境决定论的发轫阶段，当时就有地理学家和著名的哲学家对地理环境与人类社会发展之间的关系进行了探究。如地理学家希波克拉底认为，居民的性格与地理环境具有高度的直接关联性。古希腊著名哲学家德谟克利特、柏拉图等也对这一命题进行了相关论述。他们提出："经济活动受自然条件制约，地理环境条件的优劣直接影响生产活动的难易和产品的优劣。"[2] 直至近代，法国著名社会学家让·波丹在前人研究的基础上提出，地理环境除了影响甚至决定人的生理和心理之外，它还会对国家形式以及社会发展起到重要的影响和决定作用。这种观点既使得"地理环境决定论"得到了进一步的丰富和发展，同时也为近代学者研究这一命题提供了思想前提。

18 世纪 50 年代，被誉为"地理环境决定论"创始人的法国著名政治哲学家孟德斯鸠继承并拓展了让·波丹的思想，系统的"地理环境决定论"逐步形成。孟德斯鸠在《论法的精神》一书中用五章（第 14—18

---

[1]　冯契：《外国哲学大词典》，上海辞书出版社 2008 年版，第 112 页。

[2]　刘书越、李文林等：《环境友好论：人与自然关系的马克思主义解读》，河北人民出版社 2009 年版，第 128 页。

章）的内容来具体论述这一理论。在孟德斯鸠看来，世界各地迥异的气候，对不同民族人们的生理和心理造成了不同程度的影响，也正是由于上述影响导致了人们的不同才引发了政治法律制度上的差异。就像他曾经提出的："法律应该与国家的自然状态产生联系；与气候的冷、热、温和宜人相关；还与土壤的品质、位置和面积有关。"① 孟德斯鸠在《论法的精神》中关于地理环境与社会发展之间关系的理论思考，不仅对后来的启蒙思想家们产生了一定的影响，还引发了西方学界对这一命题的大讨论。譬如卢梭在《论人类不平等的起源和基础》中明确指出，人们在生活方式上表现出来的差异，归根结底源于人们所处地理环境条件的不同；黑格尔在《历史哲学》中单设章节对"历史的地理基础"进行了相关论述；李约瑟在《中国科学技术史》中以"地理概述"为一章进行了阐释等。

　　毋庸讳言，"地理环境决定论"是特定历史时期的产物，它的提出不仅使人类对自身与地理环境之间关系的认识有了更加深刻的把握，而且对推动社会理论的进一步发展具有重要贡献。"地理环境决定论"认为，要探究社会发展的根源必须要到自然界中去寻找答案，以宗教唯心史观作为武器分析社会发展根源体现出来的解释力是完全站不住脚的，这足以说明"地理环境决定论"所具有的唯物主义色彩，这种认识使人类研究的视阈从唯理论中得以解放，为转向研究人类社会本身奠定了基础。

三　生态社会主义

　　生态社会主义，也称生态马克思主义，它出现于 20 世纪 70 年代西方绿色运动兴起的年代。作为一种新思潮、新流派，生态社会主义深刻剖析了全球生态危机与资本主义制度之间的必然联系，它致力于研究和运用马克思主义经典作家的生态理论，为消除生态危机不断探寻科学路径和可行方案。

　　20 世纪 70 年代，面对日益恶化的生态环境，西方一些发达资本主义国家发起了一场绿色运动，生态社会主义也随之诞生。生态社会主义在实践上，主要是以 70 年代的鲁道夫·巴赫罗和亚当·沙夫为代表。虽然

---

① ［法］孟德斯鸠：《论法的精神》，孙立坚等译，陕西人民出版社 2001 年版，第 12 页。

巴赫罗极力倡导"社会主义生态运动",沙夫倡导"人道主义马克思主义",但是他们的目标却具有一致性,即倡导生态运动,维护生态平衡。生态社会主义在理论上主要是以法兰克福学派马尔库塞和西方马克思主义者安德列·高兹为代表,尤其是马尔库塞指出,在当代资本主义社会中盘剥人和盘剥自然、人与人之间矛盾的激化和人与自然之间矛盾的激化都是同时发生的。他还进一步指出生态环境问题实际上不仅是一个生态问题,而且还是一个特殊而深刻的社会问题,换句话说,生态危机的发生与资本主义社会的政治、经济发展密不可分。

20世纪80年代,生态社会主义取得了很大进步。特别是作为一支新兴的政治力量,绿党得以崛起并不断渗透进一些欧美的社会政治生活中。这股思潮中主要以加拿大著名学者威廉·莱易斯、本·阿格尔等人为代表,他们都主张"生态学的马克思主义"。莱易斯在其撰写的《对自然的统治》一书中就曾告诫人类:生产的无限扩张,最终的结果便是人类的自我毁灭。在《满足的极限》一书中,他更加旗帜鲜明地提出了"生态社会主义",并突出强调人类要摆脱生态危机,就必须合理控制人的物质欲望,探索一种新的发展模式,建设一种"稳态经济",以化解人与自然之间的矛盾和冲突。所谓稳态经济,即指"创造一种使个体在其中既满足自己的需要,又不损害生态系统;既可以同自然和谐一致而又彼此平等交往的经济模式"[①]。阿格尔继承并进一步深化了莱易斯的思想主张,以系统的方式更加详尽地阐释了"生态社会主义"的基本观点,并在此基础之上提出了当代资本主义的"生态危机"论。他认为资本的扩张本性或者说资本主义所信奉的生产具有的无限增长能力是生态危机爆发的根源,而且人与自然之间矛盾的激化还会引发社会主义革命。

20世纪90年代以来生态社会主义在理论和实践上都超越了之前的两个时期,进入一个新的发展阶段。当时人们认为苏联模式、现实社会主义、共产主义已随苏联解体、东欧剧变一起崩溃,这种崩溃在一定程度上促使生态社会主义开始进入人们关注的视野,作为一种以"绿色"标榜自己政治理论的生态社会主义,让人们颇感兴趣。此后,西方仍有一些学者坚持认为,苏联解体和东欧剧变仅仅是斯大林模式下的社会主义

---

① 奚广庆、王谨:《西方新社会运动初探》,中国人民大学出版社1993年版,第201页。

崩溃，在对社会主义的争辩中，作为以维护生态平衡为基础的生态社会主义，特别是致力于改善人类日益恶化的生存环境为目标的生态社会主义，为当时的社会主义无疑注入了一股新鲜的血液，受到人们的青睐。与此同时，社会主义左翼同新社会运动——即"绿色运动"的结盟政策，也推动了绿色运动的向前发展，也最终使生态社会主义日显重要。

　　生态社会主义追求的终极目标是要建设"超越当代资本主义与现实的社会主义模式的新型的人与自然和谐发展的社会主义社会"①。它还对未来社会铺设了一种美好的愿景。在生态社会主义者看来，未来社会必然是"绿色"蔚然成风的社会或者说是生态社会主义社会，而要实现这样的理想蓝图，就要紧紧依靠社会主义制度，从而走向人与自然和谐共生的美好时代。生态社会主义社会集中体现了三个鲜明的特质：首先，生态社会主义社会是致力于深刻剖析和批判资本主义生产逻辑，即一味追求经济效益的无限增加，而忽视人对自然的科学管理方式，最终导致了人与自然的失衡，使人与自然出现了异化现象。所以，他们认为要实现生态平衡，一个首要前提条件就是要从根本上对社会生产关系进行彻底调整，然后再合理利用科学技术的发展对自然进行有限度和科学的改造与开发，使人们自觉主动减少对生态环境实施破坏行为，这样资本主义时代的生态环境问题在社会主义社会便迎刃而解。其次，生态社会主义社会是内含有浓厚现代化因子的社会。生态社会主义社会致力于在人与自然和谐共生的基础上构建一个高度发达的现代化社会，要实现这样的社会形态就必须消灭资本主义私有制，对生态环境进行修复和改善，自觉摒弃对自然所持有的工具价值观念，打破传统观念视阈下"理性经济人"的狭隘观念束缚，不断探寻经济发展和生态保护的互利共赢。最后，生态社会主义社会是致力于构建一个全面发展的生态社会。他们主张，一方面积累物质财富的同时，坚持生态原则必不可少；另一方面，精神生活也要丰富多彩和健康有序，这样一来，经济发展、社会发展与生态发展就具有了高度和谐的一致性。在经济上，他们主张经济的适度增长，而非以追求最大经济利润为目的，这样经济的增长和自然生态便

―――――――――――

　　① 刘晓芳：《西方生态社会主义与我国和谐社会的构建》，《理论探讨》2006 年第 6 期，第 21 页。

会处在一个合理的阈值之内，规避了二者产生冲突的可能。在政治上，他们注重构建严格的契约制度，目的在于规范人们利用和开发自然的行为。在文化上，强调反对消费主义，倡导劳动闲暇一元论和宣传生态道德教育理念。生态社会主义深受马克思主义关于人与自然理论的影响，正确揭示了当代资本主义生态危机爆发的根本原因，对改善和修复人类生存环境不仅进行了深刻的理论思考，而且指出了化解生态危机的途径，集中体现了生态社会主义所彰显的积极意义。但由于生态社会主义诞生于 20 世纪 70 年代，成熟于 20 世纪 90 年代，不可避免地也受到后现代主义中其他学派生态思潮的影响，加之其自身具有浓厚的西方马克思主义色彩，在处理人与自然的关系上局限性也十分明显，即过于理想化和绝对化。虽然，生态社会主义具有一定的局限性，但其对我国农村生态文明建设提供了重要的价值借鉴和参考。

四　生态现代化理论

（一）生态现代化理论的社会背景

生态现代化理论诞生于 20 世纪 80 年代的欧洲。彼时的欧洲大陆正在经历着大变革，呈现出某种混乱和失去方向感的情形：一方面，经济增长趋于停滞，振兴经济的需求非常迫切；另一方面，生态恶化触目惊心并引起广泛的社会抗议。一方面，人们对于社会的未来前景悲观失望，另一方面又有人试图展示指路明灯。生态环境运动顺势而生，它在一定程度上触动了原有社会结构和制度安排，产生了一些实质性的深远影响。这不仅表现在生态环境运动团体逐步壮大并制度化，甚至发展为有影响的政党，而且表现为一些建设项目受到阻止、国家生态环境部门纷纷建立、生态环境保护进入政府议程、生态环境立法和生态环境经济政策纷纷出台等。

然而，石油危机引发了从 20 世纪 70 年代到 80 年代长达 10 年的经济衰退。其起因是欧佩克（OPEC）石油输出国组织认为发达国家在石油消费方面没有照顾到其成员国的利益，以极其低廉的价格掠夺性地获取了石油这种不可再生的重要资源。为了改变不合理的价格关系，一些石油输出国联合起来提高了原油价格，由此对欧美发达国家的经济造成了沉重打击：经济持续低迷、工作岗位减少、工资收入大幅降低、失业者迅速增加、政府财政能力削弱等。

面对如此困局，西方社会弥漫着一种悲观情绪。罗马俱乐部①于1972年发布的《增长的极限》研究报告，可以说是这种情绪的一种代表性反映。该报告在丹尼斯·米都斯（Dennis L. Meadows）教授的主持下由全球性环境发展问题研究小组合作完成，一经问世就引起了广泛的共鸣。该报告认为：囿于地球的有限性，社会所追求的增长是存在极限的。在全球系统中，人口、经济因子是按照指数方式发展的，而粮食、生态环境和资源因子是按照算数方式发展的，这一矛盾引起经济发展、人口增长和环境资源之间的恶性循环。如果这样一种恶性循环持续发展，势必走向全球系统的极限，从而导致社会的崩溃。要想避免悲剧发生，必须及早行动起来创建良好的生态资源条件，限制人口和经济的增长，使其保持或降低到当时的水平之下，也就是实现所谓"零增长"。

不过，也有人试图提振士气。赫尔曼·卡恩（Herman Kahn）在赫德森研究所职员的协助下于1976年发表了《今后二百年美国和世界的一幅远景》研究报告，对罗马俱乐部的"零增长"理论直接进行了批驳。卡恩等人认为全球性环境与发展问题不过是漫长社会发展过程中所遇到的一个暂时性问题。随着时间的推移、国家发展水平的提高，环境与发展问题就会迎刃而解，根本不会出现"极限场面"。卡恩坚信，工业化的成熟、社会福利水平的提高，会带来平衡的出生率和死亡率，人口根本不会发生爆炸的景观；发展中国家在借助已有的劳动力、资源优势并引进发达国家的资本和技术的情况下，经济能够实现增长；先进的技术可以帮助人们开发和利用可再生能源，扩大矿藏开采的范围，因而资源也是完全可以满足人类需要的；传统农业和非传统农业能够发掘的潜力都很大，所以粮食的供给从长远来看也是充分的；环境污染的实际根源在于经济发展不足，只要经济发展了，人们对于环境污染的认识就会随之深化，也便拥有了解决污染问题的经济实力，所以环境污染是可以得到治理的，因此也就根本不会像《增长的极限》所宣称的那样——经济增长必然造成生态环境污染；生态环境与发展问题的罪因不在于技术，而应

_____

① 罗马俱乐部是一个非官方的国际研究中心，于1970年成立于意大利罗马。其关注的焦点是人类困境研究和未来问题。

归咎于技术的不完善性，一旦技术经过绿化是可以帮助消除生态环境问题的。很明显，卡恩的论述指明了西方社会的一种乐观前景。

上述两篇报告充分反映了当时包括西欧在内的西方社会的困惑，同时也聚合了社会关注的一个焦点，即现代性的发展是否面临着生态极限，经济增长与生态环境保护是否必然对立？两份报告给出了不同的回答，并且也都产生了广泛的影响，其影响甚至很快超出西方发达国家范围扩展到全世界。但是，相对而言，在整个 20 世纪 70 年代，悲观论调更具影响力。可以说，这两个报告所折射出的西方社会状况及其聚合起来的核心问题，成为后来生态现代化理论关注的一个背景和靶子。

（二）生态现代化理论基本主张

1. 推动技术创新

强调技术创新是西方生态现代化理论自始至终的一个基本主张。尽管对于技术在生态现代化进程中的影响得以发挥到何种程度，不同时期的学者们持有不同的态度，但有一点可以确认，就是技术创新在生态现代化理论中的地位是十分关键的。

早在西方生态现代化理论的萌芽期，以约瑟夫·胡伯为代表的学者就十分注重技术的功能，在他的早期作品（包括近期作品）中，技术创新被看作走向可持续发展所必不可少的部分。如果生态现代化是一个系统的话，那么技术创新就是其必不可少的子系统，因为它在整个社会的新陈代谢中发挥着不可替代的功效。技术作为工业社会中人类活动领域的手段，促进了人与自然之间的新陈代谢，因此在西方生态现代化理论中被予以重点关注。

2. 突出市民社会

有效的生态环境管理少不了公众领域的积极参与。西方生态现代化理论的倡导者们十分注重市民社会在生态现代化进程中的作用，认为其是实现整个社会的生态转型所必不可少的要素。在摩尔等人那里，"市民社会"一词并非马克思主义语境中的市民社会，而是指代政府、企业之外的第三方。市民社会意义和作用主要体现在以下方面：

（1）市民社会是连接政府和市场行为主体的纽带。生态现代化理论强调生态环境保护和变革中的新的国家——市场关系，而市民社会正是促使这一关系实现转变的纽带。市民社会逐渐进入国家的生态环境政策，并与市场行为主体发生相互作用，促使生态环境关怀在市场行为主体中内化，进而实现不同的利益方在生态规划下的共同目标。

（2）市民社会对经济创新、技术创新的认可与压力是推动生态现代化进步的重要动力。在市民社会的构成中，环境非政府组织及其引导的生态环境运动占据很大的分量。摒弃了早期的激进环保主义，生态环境运动已经逐渐将自身的理念与生态现代化进行整合。除了对普通民众的影响，生态环境运动也逐渐影响国家的生态环境政策并涉及了市场的决策。基于这样的地位，环境非政府组织对于经济创新和技术创新的社会影响力不容小觑，其认可或否定态度对于这些创新具有巨大的影响。

（3）市民社会对于整个社会的生态转型意义重大。市民社会直接影响消费领域的生态转型，间接影响生产领域的消费转型，是连接生态现代化与生产和消费实践的纽带。尤其是生态理性等理念的运用，与市民社会关系紧密。

（4）市民社会的发展水平和成熟程度，是生态实践发展水平的衡量指标。没有良好的公众参与，也就不会有高水平的生态现代化。

正是基于以上原因，西方生态现代化理论家们十分重视市民社会的发展及其作用。唯有发展良好的市民社会，才能实现资本主义的生产重建与制度重建。

3. 关注生态理性

生态理性（Ecological Rationality）是西方生态现代化理论的核心词汇之一。"生态理性"一词最早的含义是指人类在适应自身所活动的场所——环境时，其推理和行为从生态学的观点看来是理性的。生态理性意味着关于现存生态问题的特定类型的一种社会性自我导向的指导原则。德赖泽克就认为，生态理性相较于经济、社会、法律或政治理性具有一种"词汇优先性"。这是其在 20 世纪 80 年代所创设的生态理性内涵。

生态现代化理论充分地利用和发展了生态理性。进入 20 世纪 90 年代，生态现代化理论的倡导者们开始系统地采用这一概念。摩尔认为，生态理性作为一种独立的理性和范畴，从经济范畴中独立出来，成为与经济范畴、政治范畴、社会—文化范畴相平行的一种理性和范畴，并在经济活动和社会生活中发挥作用。生态理性在生态现代化理论中的地位和作用，可以从理论和实践两方面来理解。理论上，生态理性在生态现代化理论中涉及这样几个方面：一是在生态理性的支配下，环境活动与经济活动可以被平等地予以评估；二是在自反性现代性中，生态理性逐渐以一系列独立的生态标准和生态原则的形式出现，开始引导并支配复杂的人与自然关系；三是生态理性可以被用来评价经济行为主体、新技术以及生活方式的环保成效；四是生态理性的运用并不仅仅局限于西北欧的一些国家，也可以运用于全球范围。这样，生态理性就获得了一种相对独立的地位和活动空间。

4. 促进生态转型

强调生态转型，既是西方生态现代化理论的基本主张也是以上诸项主张的落脚点。生态现代化理论所追求的生态转型是一项复杂的系统工程。

（1）生态理性是主线。生态现代化理论所强调的生态转型，与生态理性是分不开的，这种转型就是生态理性的运用。这种生态理性从 20 世纪 80 年代开始逐渐在一些经合组织成员国的生产和消费中得到运用，在规制社会行为以及政策设计中显得越来越重要，并不断地促成各种制度性变革。可以说，没有生态理性在经济活动、政府决策以及社会生活中的运用，就无所谓整个社会的环境变革。

（2）技术创新是手段。生态现代化理论之所以强调技术环境创新，就是认为通过技术可以改变原有的事后补救性策略，走向预防性策略，即预警原则的运用，从而提升生态和经济效率。

（3）市场主体是载体。市场行为主体既可以是生态环境污染的制造者，也可以是生态现代化的有力推行者，生产领域的结构变革以及技术创新都少不了市场主体的承载。鉴于生态现代化理论的双赢策略，市场主体必然会在这一过程中成为其紧密合作者。因此，其载体性作用是不言而喻的。

（4）政府决策是支撑。虽然政府不是唯一可以依赖的行为主体，但是如果没有公权力的介入，则很难有任何必要的进步和支撑。因此，生态现代化进程的推进，与一个开明的、有环境责任心的政府及其决策是密不可分的。

（5）市民社会是动力。市民社会是促进社会走向生态转型的强大动力。没有市民社会的推动，单靠经济和政治领域的政策，很难实现真正的生态转型，因此，市民社会在生态转型中的作用不容忽视。这些具体的主张共同促进了生态转型这一系统工程的发展。

第二节　经验借鉴

目前生态环境问题已经成为一个全球性的问题，许多欧美发达国家在遭遇环境阵痛之后，才重新认识到生态环境建设的重要性并重新回到建设生态环境的正确轨道上来。这些国家在农村生态环境建设过程中所走的弯路及其采取的先进的立法理念、法律制度、技术手段等，都为我国农村生态文明建设提供了宝贵经验。

一　从政策设计层面制定农村生态文明建设的法律法规

许多发达国家在农村生态文明建设时都会及早出台相应的法律法规，制定一系列强制性建设措施，包括法律法规、标准、规范等。美国、德国、挪威、丹麦等国均制定了详细的农村生态环境建设法律法规，以此加强农村生态环境建设工作。英国颁布的《野生动植物和农村法》（1981）采取了引导和自愿两种方式来进行环保；德国、法国、荷兰、丹麦等国尝试了"Cooperative Agreements"（合作协定），动员各种力量参与到农村污染控制中。

美国为了有效加强农村生态文明建设，颁布了《农村清洁水法》和《非点源污染控制法》，从面源污染的角度，就生态污染问题进行了有效规制。还有1947年颁布的《联邦杀虫剂、杀真菌剂和杀鼠剂法》和1976年颁布的《有毒物质控制法》，都从农用化学试剂控制方面，促进了生态污染的有效治理。

芬兰政府宏观规制层次分明，国家立法层面，芬兰具有立法保护自然资源和建设生态文明的传统，是世界上最早制定生态保护法的国家。芬兰早在1886年就制定了第一部《森林法》，1923年制定了《自然保护法》，2000年开始实施新的《环境保护法》。这些生态文明建设方面的立法，体现了芬兰保护自然资源和建设生态文明的强烈国家意志。在政府财政支持方面，不仅大力资助扶持太阳能、风能、生物质能等清洁环保新能源项目，还大量投资环保技术的研究开发，甚至对控制污染的企业进行财政补贴，这些举措有效地发挥了对于生态文明建设的政府导向和财政倾斜作用。在税收调控方面，芬兰 1990 年开始征收二氧化碳税，是世界上第一个向生产者和消费者征收能源税和环保税的国家，所开税种包括能源税、机动车辆税、垃圾税、废油处理费、农药费等。通过税收调控，既有效限制了各种有害排放物对生态的破坏，也有力推动了国家生态战略和环保计划的具体实施。

就日本而言，虽然战后日本经济社会迅速崛起，成绩瞩目，但也引发诸多社会问题、生态问题。自 20 世纪 50 年代，日本国内生态事件层出不穷，成为名副其实的"公害大国"。伴随着"痛痛病"等大量土地污染事件的发生，日本政府逐渐从经济高速发展的美梦中清醒过来，转而注重国内的农村生态文明建设问题。出台了大量法律如《大气污染防治法》《有机农业法》《关于推进有机农业的法规》《关于有机农业推进的基本方针》等。站在政策法律的高度，日本要求地方公共团体在生产技术研发、生产资金、销售渠道及消费者的沟通等方面对有机农业的发展给予支持。

与日本国情相似，起步于 20 世纪 60 年代的韩国经济建设，在政府扶植、出口型经济发展政策的指引下，取得了举世瞩目的成就。然而，伴随经济飞速发展的同时，大量生态问题逐渐显现，这让国土面积本就狭小、"人—地"矛盾本就尖锐的韩国难以承受。在这一现实压力下，韩国政府自 1995 年以来，颁布并多次修订了《土壤环境保护法》。此外，韩国政府还于 2008 年提出了"低碳绿色增长"的发展战略和发展模式，力图走出一条绿色增长、低碳发展的生态道路。为确保这一模式顺利实施，韩国还相继颁布了《国家能源基本计划》（2008 年）、《绿色能源发展战略》（2008 年）、《绿色增长国家战略及五年计划》（2009 年）、《低碳绿色增长基本法》（2010 年）等一系列国家计划和法律，通过国家战略和国家立法的形式将低碳绿色增长战略上升为国家意志，以国家强制力确保经济社会发展的生态导向。

二 从实践机制层面提出建设农村生态文明举措

目前生态问题已经成为一个全球性的问题，许多欧美发达国家在遭遇生态阵痛之后，才重新认识到生态文明建设的重要性并重新回到建设

生态文明的正确轨道上来。这些国家在农村生态文明建设过程中所走的
弯路及其取得的经验，有利于我国农村生态文明建设健康运行。

（一）采取相对集中的农村生态文明建设体制

日本对于农村生态的监测和治理，得益于"一部门为主，多部门协
助配合"的系列化管理方式。使得国内极少出现由于责权不清晰相互推
诿的现象，政府各部门间在农村生态文明建设方面配合顺畅，大大提高
了政府建设农村生态文明的效率。此外，日本还非常注重培养农民对家
乡的认同感与开展生态文明建设的责任感，将社会的力量引入生态文明
建设体系。

在韩国，为促进"低碳绿色增长"模式的实施，政府建立了多种特
色鲜明的生态文明建设制度，务求将绿色增长、低碳发展落到实处。一
类是深入日常生活、注重细节落实的生态文明建设制度，如"垃圾计量
制"通过非常细致到位的规定来实现生活垃圾减量化的目的，具体做法
是：在缴纳基本卫生清洁费的基础上，多产垃圾多付钱；具体计量方法
是由生态文明建设部门提供不同容量和规格的垃圾袋，据此收取不同的
垃圾处理费。另一类是注重源头控制、总量（目标）控制和全过程控制
的生态环境建设制度，如对河流水质的管理和评估，运用的就是这种综
合性的制度。还有一类就是重视企业主体作用的生产者责任延伸制度，
即生产者、制造商承担一定的回收和处理报废产品及其费用的义务，具
体规定是：消费者在购买一件新的电子产品和电器产品时，可以要求新
产品生产者或制造商免费回收一件同类报废产品。这样，企业通过对报
废产品的回收利用，从源头上减少了废弃物的产生，企业在绿色增长中
的主体作用得到了强化、责任义务得到了强调。

（二）注重从技术层面加强农村生态文明建设

欧美发达国家极为重视先进科学技术在农村生态文明建设中的作用，
如美国的最佳管理措施（BMP）、以色列的节水农业技术等。美国农业部
和环保局在农业污染防治方面拥有一支多学科、高技能的技术队伍和服
务体系。美国环保局还对农药施用者进行严格培训，并发放使用许可证，
没有施药资格的人员不得施用农药。

日本不仅重视加强农村生态文明建设技术的研发，还极为注重此类
技术的应用推广，缩短农村生态文明建设技术研发到应用的周期，提高

技术对农业和农村生态改善的贡献与效率。

1. 研究和推广土壤改良技术：一是堆肥还田。改良土壤所需要的有机物质，最有效的方法就是使用堆肥，将杂草、稻秆、家禽粪便、农作物残渣、污泥等堆积起来使其腐烂后还田。但对于单纯的农耕户来说，不容易有足够的有机肥料，因此，与当地的禽产养殖户合作成了必然选择。禽产养殖户将家禽粪便堆积、发酵、烘干、包装后出售给农耕户，有些还要求在包装带上注明肥料成分，使农耕户有的放矢地进行施肥。堆肥还田实现了有机材料的循环利用，这既减轻了环境负荷，又改善了土壤状况；二是绿肥作物技术。绿肥技术就是在作物收获后播种绿肥作物，耕种开始前将其耕入土壤，通过这样的良好轮作体系，改善土壤性能。引入绿肥作物增进地力是解决土壤因单一作物连作造成地力下降问题的有效方法，尤其能解决温室及大棚内土壤肥力下降、盐渍化等问题；三是治理土壤污染的技术。其措施包括：对已查出的大面积受污染土地，进行排土、添土、转换水源等治理；为了防止有害物质在土壤中积累，严格规定了这类物质的施用标准及进行土壤检测等。

2. 推广化肥减量化措施：一是改进施肥技术。不断推广可提高肥料利用率的侧条施肥、深层施肥等低投入型施肥技术；通过在作物宜吸收肥料的根部局部施肥，引入穴施、沟施等有机肥料的施用技术，减少化肥的使用量；二是施用肥效调节型肥料；三是施用有机质肥；四是为了防止过量的施用肥料及保证有针对性地合理施用肥料，日本的农业技术研究中心、农业改良普及所、土壤分析中心协调合作，发展土壤诊断技术，积极进行土壤诊断，并敦促农民以其诊断标准进行施肥。

3. 采取农药减量化措施：一是引进新的栽培技术，在耕作上，通过轮作、间作、水旱轮换、深耕、排水、灌水等抑制土病虫害和杂草的生长，进而减少农药的使用；二是使用替代的除草技术。一种是使用机械除草，另一种是动物除草技术。例如在水稻生长的一定时期，在水田中放养鸭子、鲤鱼等。这两种方法都能有效降低农药的使用次数和使用量；三是物理和生物的防治技术。防虫害的物理方法包括：通过防虫网、诱虫灯、太阳热能消毒等技术；生物农药技术是利用天敌或害虫的寄生生物来除虫，这种方法在日本的使用率逐年增加；还有利用性激素诱捕害虫，或阻止其交配繁殖以及利用生物技术选择抗病品种进行耕作等；四是建立病虫草害防治体系。根据各地不同气候等地理条件和消费者需求情况，结合病虫草害发生的历史，建立适合各地域的病虫草害的防治体系，利用计算机建立准确的病虫害发生情况预报，设定适宜的防治水平，及时、合理地进行防治。

（三）农村生态文明建设实践机制的经验借鉴

"他山之石，可以攻玉"，世界上其他先进国家在农村生态文明建设方面的发展轨迹为我国生态文明建设事业的发展给出了方向性的指引，其经验值得我们加以借鉴。

1. 注重从政策（法律）设计层面解决农村生态文明建设问题

伴随农村生态污染问题的逐步凸显，为了更好地实现生态的综合治理，许多国家都从法律层面上来考虑问题的解决办法，就环境法律责任作出明确规定：一方面明确生态修复与补偿的义务主体；另一方面对其他可能污染生态的社会潜在成员起到一种警示与震慑性的作用。如美国的《农村清洁水法》提出了鼓励生产者治理的原则，政府于资金、税收政策等方面给予生产者适当的优惠。日本的《可持续农业法》也有针对农业面源污染防治的具体条款和规定。

2. 重视技术创新和利益刺激，发展农业清洁生产，加强对农村生态问题的预防

农业清洁生产是在可持续发展理念指引下所展开的现代化、绿色化的新型农业生产方式。农业清洁生产的推广实际上是从宏观产业结构角度对农村生态问题进行源头治理。绝大多数的西方发达国家对此都十分重视。如德国就非常重视农业生产方式的绿色化，对整个农业生产过程尤其是生产废物的回收再利用环节，进行了多方面的细致规定。清洁生产的现代化农业发展方式，有助于解决消极农业发展过程中引起的诸多生态问题，尤其是农用地的污染问题。

3. 重视发挥政府在农村生态文明建设中的作用

生态要素以其公共物品的基本属性而普遍面临着"公地悲剧"难题。基于公共投入的原则，政府应当在整个农村生态文明建设中承担主要的职责。此外，由于导致农村生态破坏的因素众多，农村生态文明建设需要政府各部门之间的相互配合以免相互扯皮。例如在美国，农村生态文明建设的重要管理机构是农业部和环保局，两者的具体权责分工由国会

立法的方式加以明确,其中,农业部门主要是帮助农民防止污染、管理农业面源污染问题和推广防污技术等;而环保部门则是帮助农民控制污染,制定水质、土壤的污染标准,开展水质、土壤质量监测等。如此一来各部门依照各自的权限范围履行相应的生态文明建设职责,从而避免了由于权责不明所导致的部门争利、部门推诿的无序现象。同样,日本也从农村发展中的各个方面出发,对其农业管理部门的权责划分进行了明确限定。明确的权责划分有利于降低权力运作中的摩擦成本,明确职责归属,从而提高政府机构在农村生态文明建设中的整体效率。

第 三 章

农村生态文明建设的概念阐述

农村生态文明建设的相关概念是农村生态文明建设研究的逻辑起点。本章主要围绕农村、生态文明、社会认知、政策设计、实践机制和政策绩效这些方面展开论述。

第一节　农村和生态文明概述

一　农村

"农村"并非仅仅体现为一个地理范畴和行政单元，其内涵和外延始终处于不断演变的动态之中。对于"农村"一词，不同国家、不同地域之间存在不同的定义，甚至在同一国家、同一地域中的不同历史阶段，人们对"农村"一词的定义亦有很大出入。例如，在英国人口规模成为界定农村概念的衡量标准，一般将人口总数在 1 万人以下的地区称为农村。加拿大采用的则是人口规模和人口密度的双重标准，统计部门一般将人口总数在 1000 人以下或人口密度低于 400 人每平方公里的区域称为农村。在美国，这一问题则显得相对复杂。美国对"农村"的界定将这一概念内涵与外延上的动态性体现得尤为明显。据《中国农业百科全书》记载：在 1950 年之前，美国将人口总数低于 2500 人、没有形成自治单元的区域称为农村。自 20 世纪 50 年代后，则不再以是否形成自治单元作为评判标准，转而采用人口规模和人口密度的双重标准，即人口总数低于 2500 人或单位平方英里的总人数低于 1500 人的区域为农村地区①。总体来说，世界各国大多结合本国国情，以人口规模、人口密度、是否形成自治单元以及城镇化水平等作为界定农村地区的评判标准。而各国之间、各国内部各部门乃至不同历史时期，就"农村"概念的界定，仍显出较大差异。

与上述国家相比，"农村"这概念在我国显然具有更多的本土性。由于长期封建社会的历史遗留，我国"城乡二元"的社会结构由来已久。学界对农村概念的界定莫衷一是。有的学者从社会经济生产方式的角度认为，农村是指"以农业生产为主要经济活动的地区，以及城镇范围内从事农业生产活动的地区，其中包括支持这些农业活动的森林、林地、草原以及水体（河道及湖泊）等生态系统"②。而在我国官方的统计辞令中，农村则成为与城镇相对应的概念，即除去城镇行政区划范围内的全部地域，均统称为农村。例如，在我国原《城市规划法》中，农村被界定为国家按行政建制设立的直辖市、市、镇（建制镇）以外的区域。

此外，除上述几种有关农村概念的传统界定，改革开放以来，伴随我国经济社会的飞速发展，转型社会中的诸如区域发展不平衡等现象日益显现，"城中村""城市化村"等一些特殊的区域逐渐走入人们视野。对于这些特殊区域，是将其纳入城市生态文明建设还是农村生态文明建设的范畴，需要具体情况具体分析，尤其需要考虑其主要产业状况和管理模式、环境等复杂因素，不能简单以行政建制和规划等界定。

综上所述，本书所界定的"农村生态文明"中的"农村"是指"城市规划区"以外的以农业生产为主要经济活动的区域。它是一个动态的概念，其涵盖的区域范围因城市规划范围的不同而有所不同，并受主要产业状况、管理模式和生态环境等复杂因素影响。

二　生态文明

生态文明作为人类智慧的结晶，必将在社会发展的各个领域和方方

---

① 中国农业百科全书总编辑委员会、农业经济卷编辑委员会、中国农业百科全书编辑部：《中国农业百科全书·农业经济卷》，农业出版社 1991 年版，第 160—161 页。

② 牛志明：《农村生态文明建设中的环境管理挑战及思路》，《世界环境》2008 年第 1 期，第 39 页。

面面提出新的要求。对处于百年未有之大变局中的中国社会而言，可以说，生态文明作为社会发展进程中的一项至关重要的"建设任务"，对于新时代中国特色社会主义现代化建设事业同样具有特别重要的分量。生态文明的建设历程也将融入城乡发展的整体推进之中，成为促进与推动城乡经济社会和生态环境协调发展的积极力量。

（一）生态文明的含义

在整个自然界，各种生物物种之间的交互影响关系十分复杂，对某种或某几种特定的生物物种而言，由自然地理环境和其他生物物种所构成的特定地理空间和生命循环系统，就成为它们赖以栖息的生存环境。由于人类自身有较强的认知能力及影响和改造外在环境的行动能力，可以凭借其对自然规律、社会规律和人类思维规律等的认识与把握，利用以科技手段作为支撑的复杂的工具系统，来干预主客观世界，所以，人类自身及其行为活动在整个生态体系中的地位和作用就显得十分突出了。

然而，人类自身的发展时时刻刻都需要在与生态环境的交互作用中实现物质与能量的交换交流，都离不开生态环境的支撑作用，这就进一步引发出另一层面的矛盾关系问题，即人类自身的发展和人类社会发展与自然环境之间的矛盾关系问题，这也就是人们通常所说的人与自然的关系问题。可以说，人与自然的关系问题之所以能凸显出来，其根本原因恰恰在于人类自身拥有其他生物物种难以企及的主体性力量。假如人类自身没有这种强大的主体性力量的话，人类自身也会像其他生物物种一样，融入整个自然生态系统生生不息、生灭相依的无限循环之中了。就此而言，只要言及生态或生态环境的问题，人类自身就不再仅仅作为一种从属的或依附性的力量而存在了，而是在很大程度上会显现某种"异己性"，在干预和改造自然环境的过程中一旦出现偏差，则极可能会蜕变成为一种破坏性的力量。

对于生态的正确理解，至少应该包含生态关系、科学认知和价值理念这三个层面的基本意蕴。其中，生态关系涉及的是各类生物物种与生存环境之间，以及生命个体与群体和整体之间存在的相互影响与相互作用的内在关联。科学认知涉及的是人类自身对于包括人在内的生物与环境之间相互关系及整个生态环境内在运行规律的系统认识。它既包括科学意义上的人类认识成果，也包括技术意义上的科学知识的运用。价值理念在生态研究的话语体系中，则要涉及人类自身在生态问题上的价值准则和态度倾向，即在特定的社会文化背景之下，人类在生态问题上持怎样的价值理念和理想诉求，其对于比较理想或趋近完美的人与环境的关系状态有什么样的界定和把握。生态价值理念首先要以全面正确的关于生态环境领域方方面面情况的科学理论知识为基础，同时，它还有更为高远的价值追求和目标定位，体现并彰显特定的人文元素的分量和意义，超越于现有的生态认知和实践活动，发挥着不容或缺的导引和指向作用。本书认为，在生态环境问题上，客观存在的生态关系状态和基于其上人类已有的生态科学认知，值得我们充分关注，而与此同时，人类自身对于生态环境问题作出的价值判断、意义确认和理想目标定位等，同样值得我们关注。毕竟，后者可以为前两者提供内在的、持久的方向选择和动力支持。

理性地审视人类社会文明进步过程中的人与自然的关系，可以发现，人与自然之间一直存在着人类文明进步与自然生态环境演化的相互作用关系，这种相互作用关系又处在动态的演进过程之中。一方面，人类自身需要通过资源、能源、空间等的获取来获得自身的发展，并且在这一过程中影响甚至破坏着自然生态环境；另一方面，相对于人类自身发展和社会文明进步的要求而言，自然生态环境本身所能提供的资源、能源、空间等也具有一定的限度，人类活动对自然生态环境造成的破坏等，也必然会限制人类的发展和社会文明的进步。由此，走出困境的关键，也便在于人类自身的努力上面。追求人与自然的和谐，构建人类命运共同体，上升为当今时代背景下人类共同的价值理想和目标诉求。

从人类社会文明进步的历史演进来看，人与自然的关系也随着人类文明形态的阶段性演变发生着质的改变。在远古的前农业文明时期和整个农业文明时期，人与自然的关系都因为人类自身力量的不强大而显得较为和谐，但是进入工业文明时期以后，人与自然的关系开始随着人类自身力量的日益强大而变得紧张起来，自然生态环境由于人为力量的干预和破坏而走向恶化，反过来又直接威胁到人类自身的生存与发展，这迫使人类反思自身的发展方式和行为方式，开始在人与自然之间保持和谐关系的前提下努力寻求一条新路，生态文明就这样进入人类社会的视野。在工业文明甚嚣尘上却又给人类自身的生存与发展带来重重危机的窘迫背景下，作为出现于工业文明之后而又超越于其上的一种新的社会文明形态的生态文明，已经逐渐引起人们越来越广泛的关注。

关于生态文明的内涵，有学者提出，"所谓生态文明，是人们在认识改造客观世界的同时，协调和优化人与自然的关系，建设有序的生态运行机制和良好的生态环境所取得的物质、精神、制度成果的总和。"① 认为生态文明的主要意义在于尊重和维护生态环境，着眼点在于可持续发展。生态文明尤其强调人的自觉自律以及人与自然环境的友好关系。也有学者将其概括为"自然—人—社会复合生态系统和谐协调、共生共荣、共同发展的社会文明形态"。这当中，和谐协调是"基础"，是"生态文明的本质特征"，共生共荣是"目标"，是和谐协调与持续发展以及全面繁荣、良性互动的结果；"共荣是不断向着新的境界发展，而不是停滞在某一个层面上"②。上述论点都有一定的积极意义。但是，不管怎样，生态文明作为一种新的社会文明形态，它尤为强调人们在进行物质生产的过程中以及在整个社会生活运行的过程中，都要注意遵循自然生态系统的内在规律，要从维护社会、经济和自然生态系统的整体利益出发，达成人、社会、自然这三者之间的和谐，实现人与自然的协调发展以及社会的和谐稳定发展。

生态文明作为一种优于工业文明的新的社会文明形态，无论是其建构还是发展，其在基本的运行规则上，很大程度上都要与生态科学的原理相吻合。总体而言，生态文明的运行规则有：有效利用各类资源和生态环境条件，满足人类的生存发展需求；人与自然之间、人类各种行为活动之间以及个体与整体之间应当保持一种和谐共生与相互适应的关系状态；通过自组织自调节行为，维持生态环境系统的结构、功能和运行过程的稳定与平衡，从而保障生态环境运行的可持续性；在物质资源与生物资源能够不断进行循环更新和生态环境可以不断修复再生的前提下，谋求人类经济社会文化的不断发展与进步。

---

① 于晚霞、孙伟平：《生态文明：一种新的文明形态》，《湖南科技大学学报》（社科版）2008 年第 2 期。

② 廖福霖：《关于生态文明及其消费观的几个问题》，《福建师范大学学报》（社科版）2009 年第 1 期。

生态文明以实现和保持人与自然之间的和谐关系为核心理念和行动指向，注重于在人类生产、生活和其他行为活动的过程中维系自然生态系统的内在平衡，以期在自然生态环境、经济运行和整体社会系统之间形成协同进化的良性关系状态，从而为人类社会的全面协调与可持续发展奠定坚实的基础。支撑和保障生态文明的社会元素，遍及人类社会生活的各个领域之中。经济与社会生活的管理运行体制、法律法规和政策规定、人们信奉的价值理念和遵从的伦理规范、企业的生产活动和社会的生产方式、人的消费行为与消费习惯等，都会影响和作用于生态文明的建构过程。换言之，只有在上述种种层面付出艰辛而不懈的努力，人类文明进步的脚步才可能逐步走出农业文明和工业文明的阶段，渐趋生态文明发展的新阶段。而在生态文明运行的整体框架之中，人类自身需要对人与自然的关系展开更为深刻的新的认知，需要对人类的生产、生活等行为活动施以必要的规范和约束，需要对整个经济运行的体制机制给予全新的设计和重组，也需要对那些违背生态文明基本准则的文化传承、价值理念和制度建构等进行反思和改造。显然，生态文明的建构过程，将是一个长期而复杂的嬗变进步过程。

（二）生态文明建设具有时代必然性

人类社会文明进步的过程，在很大程度上来讲其实就是一个不断探索和追求真理，同时又不断避免和改正错误的过程。在整个前工业文明时期，人类社会文明进步的脚步固然相对缓慢且时有波折，但基本保持着前行的态势。到了近代，工业文明取得辉煌的背后，人类在生态环境等方面付出了沉重的代价。正是在这种"试错"的伤痛之中，生态文明应运而生。

1. 人与自然之间的和谐关系被快速发展的工业文明打破

在人类文明早期的原始文明阶段，由于人类自身认识自然和影响自然的能力都非常有限，所以，与大自然的风云变幻相比，人的力量显得很渺小。这在客观上造成了一种不平衡的力量对比格局，人作为一个动物物种存在于大自然的怀抱之中，从而使人与自然之间得以保持一种相对平静的和谐共生关系。在这样的环境条件下，人类往往要趋利避害，选择那些自然条件较为优越的地区作为栖息之地，以最大限度地减少自然界的自然灾难给人类带来的伤害。由于人的主体地位很弱，人本身的力量无法与大自然相比，所以，人类也只能被动地适应自然界的周期性运行，并且能够与自然界达成那种原始的和谐状态，彼此进行低水平的交互作用。

随着人类自身的发展和力量的壮大，人的主体地位逐步显现并得以张扬。最为重要的一大表现就是工具系统的不断改进和日益完善。工具的发明将人类社会文明进步的历程引入农业文明的发展阶段。这时候，人类依靠积累的对自然界周期性变化的一些规律性认识，逐步掌握了一些种植和养殖的技术，开始形成自给自足的农业生产方式和较为固定的居住方式。在生产力水平有了较大提高的前提下，人与自然的互动关系发生了一些变化，有些情况下会因为土地的过度开垦和森林的盲目砍伐而出现阶段性的和区域性的不和谐，但在整体上讲，在整个农业文明的发展阶段上，人与自然之间的关系基本上依然是和谐的。这种和谐恰恰也是基于人类自身对自然界的干预和影响力量十分有限这一前提的。

到了近代，情况发生了极大的变化。近代科学技术的革命性进步，极大地拓展和强化了人类自身的工具系统，人的主体性得到相当充分的彰显和确认。进入工业文明阶段以后，随着人的力量的进一步增强，人与自然的关系状态和力量对比在很大程度上也发生了可谓是根本性的一些变化：人类的活动范围不断扩大，人口规模也因为营养和医疗卫生条件等的改善而有了大幅增加，造成人与资源环境条件的数量和质量对比发生变化，资源能源开始紧张，生态环境条件受到人为的干预、影响甚至破坏。

可以说，在工业文明时代，科技进步和生产力水平的极大提高，在客观上的的确确为人类自身创造了丰厚的物质财富和舒适便捷的生活方式，而在人类获得这一切的同时，其背后付出的生态环境惨遭破坏的代价及可能造成的潜在后果，却成为工业文明本身挥之不去的隐痛和痼疾。在某种意义上说，人的主体性力量的增强和彰显，在工业文明时代展现得十分突出，然而，这种主体性力量在运用和发挥上是否妥当与理性，则需要再进行讨论和评估。就此而言，人类自身应当承认，其在工业文明时代所展现的主体性力量其实是不完美的，因为这种力量没有能够妥善地处理人与自然的关系，换言之，这种情况恰好说明人类自身的主体性力量还不是那么强大，还存在明显的缺陷，而只有当人类自身寻找到一种可以在人与自然和谐相处的前提下，顺利谋求自身发展的途径或方式之时，人的主体性力量才能够称得上是真正强大了。

无疑，生态文明这一全新议题的提出，是这方面有意义的尝试，1962 年，美国生物学家和科普作家雷切尔·卡逊的《寂静的春天》面世，向人类发出了关注生态环境危机的警告，并推动了"可持续发展"这一全新发展理念的广泛传播，拉开了人类走向生态文明的序幕。

2. 生态环境危机的日益加剧威胁着人类的前途命运

在工业文明一统天下的当今时代，西方资本主义发达国家业已形成的不具有可持续发展特性的生产方式、消费模式乃至价值理念等，也随着技术和资本的扩张不断地向世界各地扩散开去，产生着程度不同的影响。对于那些仍处于积极寻求工业化和现代化发展的后发国家和地区而言，它们要么成为发达工业化国家的海外殖民地，遭遇到资源被掠夺和生态环境被破坏的命运，要么成为积极效仿和努力复制西方工业化发展模式的追随者和受害者，在一种不尽平等和有失公正的发展格局中，追求着现代化发展的价值目标，实际上，无论是发达资本主义国家这些世界现代化发展的"先行者"，还是那些追随其后的作为现代化的"后来者"的大量发展中国家，它们在发展模式的选择上，都曾经步入各种误区，而且至今还承受着惨重的后果。

概括地说，人类所面临的生态危机，主要表现在以下几个方面：

首先，人口与资源环境状况之间矛盾冲突关系加剧。工业化的快速发展，不符合生态保护价值准则和目标要求的生产生活活动的开展，加之人口数量的迅速增加，造成资源能源被大量消耗，各类污染物和废弃物充斥在人们的生存空间中，生态系统本身的自组织、自净化和自循环功能能遭到破坏和阻断，生态的脆弱性日益显现。在支撑那么庞大的人口数量生存与发展的问题上，现有的生态状况与资源能源状况，已越来越显得捉襟见肘和不堪重负。

其次，生态污染和破坏造成了全球气候变化等危及生态系统安全的后果。随着能源消耗尤其是化石能源消耗不断增加，二氧化碳等的排放也随之增多，从而引起全球气候的异常。而全球气候的异常变化，则会给人类社会发展带来一系列新的挑战和问题，比如全球降水可能要重新分配，而气候变暖以后，一些冰川和冻土的消融则会导致海平面上升，致使一些岛屿和近海地区的陆地被淹没。洪涝、干旱等自然灾害时有发生，也就是气候异常的直观表现。无论是气候异常还是气候灾变，都将程度不同地打断生态系统的平稳运行，从而直接威胁到人类的居住环境和食物供应。

最后，因大气、水体和土壤等的严重污染造成的生态恶化，危及人类的生命健康，造成生物物种减少。人类自身的健康保障，需要有良好的生态条件作为支撑。在无法呼吸清新的空气、无法获得洁净的饮水和无法享有优美整洁的生活环境之时，人类的生活恐怕也就进入了一个死胡同。也就是由于人类自身以往的生产和生活活动的破坏性影响，导致了严重的生态污染和生态系统破坏，才使当下乃至于今后人类的生产和生活活动面临无法获得必要的土地、水源、空气等基础性自然资源要素的危险。而人类自身的健康状况，则要承受生态污染和恶化带来的侵害。生物物种的持续减少和生物多样性遭到破坏，从根本上说，也是生态污染和恶化的表现和结果。

工业经济自其诞生开始，就在显现其程度不同的负面影响，并且从很多方面暴露出人类与自然之间关系失衡的迹象。可以毫不夸张地断言，正是由于工业文明本身的内在缺陷所致，才使这样的一种文明形态成为当今生态危机的"始作俑者"。如果人类自身对日渐严重的生态危机不给予高度重视，不采取积极的应对措施的话，传统的工业化发展道路就会将人类引入难以逆转的困境之中，这是当今的人类必须严肃而认真面对的发展议题。人类要生存下去，要获得持续发展的更广阔空间，就必须考虑生态文明建构的问题。

3. 未来中国的发展进步要以生态文明的持续建构为依托

一方面，建构生态文明，能够缓解我国未来快速发展与生态环境条件制约之间的紧张关系。就我国的现实国情而言，人口数量庞大和资源不够丰裕是最为基本的事实，由这两点决定，我国人均资源拥有的绝对数量和与其他国家相关指标数值的横向对比，情况都不容乐观，比如耕地、草原、森林和淡水等资源的情况都是如此。而在当下以及未来，中国经济社会的发展会呈现快速推进的基本态势，经济的快速发展会对资源环境条件提出更多更高的要求，同时，由于受价值理念、资金与技术条件、监管管理体制以及制度规范设置等因素的影响，我国现有的经济运行在资源能源利用方面还存在较为严重的浪费现象、效率效能低下的现象以及生产活动和消费活动不尽科学合理的现象。而建构生态文明可以在谋求和实现经济社会发展的过程与保护好资源及生态环境的条件的动态均衡之间，搭建起良性互动的机制和共存共荣的桥梁，做到既能够实现快速的发展，同时又能够协调与保持人类社会与自然界之间的友好关系。

另一方面，建构生态文明，可以将我国的成功发展经验融入人类文明进步的史册。我国是一个发展中国家，在社会主义现代化建设的实践当中，已经积累了某些宝贵的经验，可以说，中国特色社会主义现代化的道路、经验或称模式，对于整个人类社会的文明进步而言，都是宝贵的财富。作为一个后发国家，当代中国的经济社会发展需要完成工业化和城市化等"传统现代化"的历史任务，要实现从传统农业社会向现代工业社会的社会转型，同时还要迎接当代信息化的挑战，进一步实现从工业社会向信息网络社会的转型。而贯穿和交织在这种"双重转型"之中的另一项十分重要的发展议题和目标任务，则是要在推动转型发展的过程当中，走出西方国家当初实现现代化之时所暴露出来的那种以高污染、高排放、高消耗为代价的粗放式经济增长方式的局限性，坚持新发展理念的指引，秉承其行动准则，着力寻求一种新型工业化的道路，从综合考虑经济增长过程中的生态损失和资源消耗成本的角度出发，把经济社会发展与资源环境保护以及人的自由全面发展结合起来，实现三者的内在统一，真正让经济发展和整个社会文明进步的过程达到一种人与自然友好相处、社会运行和谐顺畅的良好状态。这种发展之路的积极探索、经验积累乃至模式建构，其价值和意义就不只属于中国自己，而是要融合在世界文明发展进步的历史潮流之中，成为人类文明的共同积淀和宝贵经验。

（三）生态文明的目标形式

从生态文明的内涵与内容分析，生态文明的目标形式应体现在人类意识形态、社会发展、经济增长及资源环境符合生态文明要求，形成资源节约、环境保护及生态可持续的人类社会发展格局，实现人类生态系统良性循环、人与自然协调发展。

1. 形成适应生态文明要求的人类意识形态

人类对人及自然的理解和认知形成生态文明的伦理观念，反映在社会经济发展、政治制度、人与人关系、人与自然关系中符合生态文明理念和要求。也就是说,个人与集体树立尊重自然、保护环境、和谐发展的生态思维和文明精神。一是每个人要有生态保护意识,每个人的思想意识上应认同"爱护环境人人有责""人人节约资源"等,行为举止符合生态保护要求,共同监督和维护生态。二是政府、社会团体及企事业单位等形成生态的政治制度文明,能做到统筹兼顾,动态地协调近期与远期、局部与全局、当代与后代的发展需求,在发展中深入贯彻"资源节约、环境保护"的生态文明理念,将实现人与自然的和谐发展、人类生态系统的可持续发展当作义不容辞的责任与义务。三是生态文化和生态教育的广泛普及,大力发展生态科技,广泛持续地宣传生态保护,以及绿色消费、低碳发展知识和技术,树立"生态文明光荣、生态破坏可耻"的生态理念。

2. 形成适应生态文明要求的经济增长方式

生态文明目标体现在决定经济增长的各种要素以及各种要素系统推动经济增长的方式均符合生态文明发展要求,即经济发展应遵循生态规律、资源节约和环境保护要求,依靠生态科技进步和人口素质来提高劳动生产率从而推动经济增长。生态文明的经济增长方式主要体现在:一是绿色经济、循环经济、低碳经济产值应占到理想比重,大力发展生态农业、生态工业园、循环经济园区;二是生态环保性产品、绿色有机农产品应占据主要市场;三是单位 GDP 能耗、水耗及所占土地资源应满足国际社会的要求标准。

3. 形成适应生态文明要求的资源环境格局

生态文明目标体现在可供人类生存和发展利用的自然资源不仅要满足当代人的需求,还要满足子孙后代的需求;可供人类生存和发展的自然环境,即土地、水、大气、植物、动物、土壤、岩石等,得到保护并不断适应人类发展需要,为人类提供宜居的自然环境,并保障人类经济、文化的发展。生态文明的资源环境格局主要体现在:一是资源循环利用,再生资源得到足够的保护。如工业固体废物综合利用、可再生资源回收利用、工业用水重复利用、生活用水重复利用、生活废弃物循环利用、三次产业污染物循环利用等均实现百分之百。二是生态系统得到足够的保护。拥有足够的森林覆盖,湿地得到恢复和保护,水土流失、荒漠化、石漠化等得到有效治理和控制，退化土地得到有效恢复，有充足的自然保护区或受保护的土地，保护和保障生物多样性，实现生态系统良性循环。三是环境污染控制高效，确保宜居的环境质量。比如各类环境问题得到有效治理，生活垃圾全部无害化处理，城镇污水全部集中有效处理，危险废物全部集中处置，有效控制烟尘排放，确保饮用水卫生质量、大气质量、环境整洁，实现"零污染、零排放"。

4. 形成人类生态系统安全状态

生态文明目标体现在以人类为核心的居民及其聚落环境构成的多级系统保持稳定安全的状态或过程。一是食品安全，即食品供给能保障人类社会发展的生存和健康需要。包括食品数量持续稳定供给，尤其是保证粮食安全；食品质量持续安全，涉及提供无污染的绿色、有机食品，提供保证人们健康所需营养的食品。二是环境安全，即人类赖以生存和发展的自然环境和人工环境处于不被污染、破坏的稳定状态。包括人类能有效抵御自然灾害，受自然灾害的人群及其社会经济损失最小；人为造成的环境安全问题，如火灾等得到有效防止；因不合理的人类活动而引起的环境污染、环境退化、环境破坏以及衍生的相关环境问题得到有效防治。三是资源安全，即自然资源能持续、稳定保证一个国家或地区的社会经济发展，主要包括水资源安全、土地资源安全、能源资源安全、矿产资源安全、生物资源安全等几大方面。

第二节　农村生态文明建设的四个重要环节：社会认知、政策设计、实践机制与政策绩效

社会认知、政策设计、实践机制与政策绩效作为农村生态文明建设的四个重要环节，联系非常紧密，其中政策设计为农村生态文明建设良性运行提供根本保障，社会认知是农村生态文明建设的思维图像，实践机制是农村生态文明建设的行动方略，政策绩效是农村生态文明建设的实效评价。农村生态文明建设的政策设计蕴涵了以人为本、公平公正的社会价值，农民和基层干部对农村生态文明建设政策设计的认知状况直接决定了对农村生态文明建设政策的认可和实践状况，而农村生态文明

建设的实践机制会直接影响农村生态文明建设的政策设计的外化绩效。

一　政策设计、社会认知、实践机制与政策绩效及其相互关系

（一）政策设计

政策设计的概念主要见诸经济学和组织理论的文章中。从社会学角度来看，政策设计描述的是一种回归对话体的概念。社会学家韦伯在阐述团体政治行为时就对政策给出了一种解释，他认为政策就是"对某一特定的事情进行有计划的处理和领导"①。学者杨伟民也提出了自己的看法，他认为政策是"正式的社会组织，包括政府也包括其他各种类型的组织，为了有计划地处理某些事务、解决某些问题、作出某些改变等，有意识、有目地设计的行动目标、原则和方案。这些行动原则和行动方案的形式化的表达方式可以是法律、法令、规划、计划、条例、规章、规定、指示等"②。参照这些说法，本书认为政策设计是行动者遵循政策形成发展的一般规律，在一定的价值理念和基本原则的指导下，对一定的实践活动进行谋划和规制的过程。政策设计一般由四部分组成，即公平公正的政策实体、科学合理的政策执行程序、政策公正公平执行的受控机制（监督机制）和政策得以公正公平执行下去的自控机制。

政策设计大体包括宏观、中观和微观三个层面。就宏观层面而言，政策设计主要是针对那些对经济社会发展过程产生极大影响的政策文本制定和项目设计；就中观层面而言，政策设计是指在宏观政策设计的指导下落实和发展有关的政策、项目、工程及规划。这一层面的政策设计涉及交通及通讯等基础设施的规划、民生工程，如环保政策、精准扶贫、安居工程、农村饮用水安全保障工程、地方经济社会发展和义务教育政策等、新型城镇建设纲要。农村生活污水处理排放标准的制定、农村生活垃圾整治相关标准及技术规范、农村畜禽养殖污染防治技术规范、农村生态环境连片整治项目管理暂行办法、农村生态环境连片整治项目专项资金管理暂行办法、农村生态环境连片整治项目监督检查暂行办法、农村生态环境连片整治项目招标投标管理暂行办法、农村生态环境连片

---

① 转引自杨伟民编著《社会政策导论》，中国人民大学出版社2019年版，第81页。
② 杨伟民编著：《社会政策导论》，中国人民大学出版社2019年版，第82页。

整治项目变更管理暂行办法、农村生态环境连片整治项目工程监理暂行办法、农村生态环境连片整治示范项目档案管理暂行办法、农村生态环境连片整治项目绩效考评管理暂行办法、农村生态环境连片整治项目竣工验收暂行办法等等都归于该层面的政策设计。至于微观层面，政策设计主要是政策和项目的实施。如某地乡村旅游公路的规划、某地区的农村生态环境整治政策、某村的生态文明建设工作方案、某村的污水处理方案等。

（二）社会认知

社会认知概念主要来源于心理学领域，菲斯克（Susan Fiske）和泰勒（Shelly Taylar）（1991）把它定义为人们根据环境中的社会信息推论人或者事物的过程。具体来讲，就是指人们选择、理解、识记和运用社会信息作出判断和决定的过程①。有国内学者认为："社会认知是指认知主体对认知客体外在特征的认识、对认知客体内在特征的推理与判断，以及对认知主体与认知客体之间关系的理解与推断。简言之，社会认知感兴趣的是认知主体对他人、对人际关系的社会信息加工以及与之相伴随的自我审查过程。"② 它有两个基本特征："其一，社会认知是人对社会性事件的认识和加工；其二，人的社会认知对其社会行为能起到一定的调节作用。"③

社会认知与其说是社会心理学的一个分支领域，倒不如说是一种全新的研究路径，即探讨个体是怎样加工、组织、提取和利用信息来形成对自己、他人与群体的印象和看法，来解释社会行为与实践。社会认知包括四个层次：一是对人的认知，包括对他人和自我的认知，主要是通过他人外部形态和行为特征的认知来了解其心理活动；二是人际认知，即对人与人之间关系的认知；三是角色认知，即对人们所表现出的角色行为的认知；四是因果认知，即对社会事件因果关系的认知④。人们在认知活动中使自身主观思维与社会事物产生互动，从而建构起具有自身特

---

① 侯玉波：《社会心理学》（第四版），北京大学出版社 2018 年版，第 59 页。
② 乐国安：《社会心理学》（第三版），中国人民大学出版社 2017 年版，第 184 页。
③ 乐国安：《社会心理学》（第三版），中国人民大学出版社 2017 年版，第 184 页。
④ 沙莲香主编：《社会心理学》，中国人民大学出版社 2006 年版，第 91—92 页。

点的个体知识，再把这些个体知识放到更大范围的社会环境中，组合成具有一定普遍意义的群体知识或地方性知识。所以说，认知活动的过程也是知识建构的过程。从社会学角度看，社会认知注重用社会调查的方法探讨利益相关者对相关社会事件的看法。根据社会认知，可以看出认知主体对社会事件的评价，其评价主体是多元的，包括专家、官员以及认知主体自身，而这些多元评价的关键还在于认知主体自身，专家、官员都要围绕认知主体的评价来展开评价。这里还需要说明的是，社会认知的效果和准确度受到认知主体阅读能力、倾听能力、理解能力、判断能力、评价能力等方面的限制，同时也受认知调查设计者问卷质量、语言习惯、社会位置、表达能力等方面的制约。因而，关于社会认知的调查，需要调查员具有较高的思想和文化素质，吃苦耐劳，对调查目的和相关文本有较为透彻的理解和判断，努力融入调查的目标群体之中，以此获得具有较高信度和效度的社会认知资料。

（三）实践机制

21 世纪前后，"机制"一词成为生活中的时髦用语。在一些涉及体制改革和建设问题会议上，专家发言必称"机制"，干部讲话必有"机制"，报纸杂志文章也频现机制之类的字眼，在政府的文件中甚至出现了"机制"一类的关键词。究竟什么叫机制？机制作为哲学概念它"包括有关事物结构、组成部分的相互关系以及其间发生的各种变化过程的运动性质和相互关系"[1]。它具有以下几个特征：（1）机制是指事物内部的结构要素，如机器的动力机制、传动机制、自我控制机制等。（2）机制是指一个事物内在变化过程相互作用相互联系的关键作用的因素，如技巧、手法和途径。这些因素对机器的运动变化过程具有稳定性的控制作用。（3）机制是事物结构要素相互作用相互联系过程的运动性质，比如化学分子的化合和分解，生物的新陈代谢等。新陈代谢就是生物生命运动的基本机制。生物生命运动依靠各个器官运动的相互联系来维持，但是它们的功能作用的基本性质就是新陈代谢。现代医学证明，保持生命旺盛就在于激活生命各个器官的新陈代谢。无论是循环系统、消化系统、神经系统、排泄系统等，它们相互联系相互作用的机制就是新陈代谢。各

---

① 高清海主编：《文史哲百科辞典》，吉林大学出版社 1988 年版，第 232 页。

个生命器官一旦停止新陈代谢，生命就意味着死亡。

就社会学角度而言，郑杭生则从社会互构论的视角理解机制的概念，他指出，"机制是指人类社会在有规律的运动过程中，影响这种运动的各组成因素的结构、功能及其相互联系，以及这些因素产生影响、发挥功能的作用过程和作用原理。"① 为了保证社会系统各项工作的目标和任务真正实现，必须建立一套科学、协调、灵活、高效的运行机制。对此，学者关信平进一步指出，合理有效的社会运行机制的重要性体现在三个方面：一是规范社会政策行动者中的各个行动者的行为；二是兼顾社会政策效率与公平的目标；三是兼顾公共服务方式和个人自由的选择。②

实际上，机制的概念在社会学领域并不陌生，从社会学创始者的斯宾塞，到运用实证方法开展经典社会学研究的迪尔凯姆，再到结构功能论的社会学先驱们，都在他们丰富的学术著作中对有机体、系统、功能以及由此衍生出的机制概念进行了一定的阐述。

在本书中机制主要指事物运行的指导原则、规律和方法，也就是回答"怎么做"的问题。具体到农村生态文明建设实践活动来看，主要有政府主导机制、民间资源利用机制、社会参与机制等。

（四）政策绩效

政策绩效作为考量政策设计和实践机制的重要标尺，有必要对其有所了解，不过在弄清楚政策绩效的含义前，我们先来了解一下制度绩效的有关问题。学者邱钰斌提出："有什么样的制度（设计）就有什么样的制度绩效，每一种制度（设计）在其建立时都有着自我目标的预期；而不同的制度（设计）也沿着各自的路径发挥作用。结果，制度从一开始就对制度绩效起着最基本的影响作用"。③ 还有学者谈到，制度绩效可以通过制度绩效值来反映。所谓制度绩效值是指制度履行其功能、实现设计初衷和制度目标的能力，包括制度的实施能力、制度的道德能力、制

——————————

① 郑杭生等主编：《社会学概论新修》，中国人民大学出版社 2002 年版，第 42 页。
② 关信平主编：《社会政策概论》，高等教育出版社 2009 年版，第 103—104 页。
③ 邱钰斌：《制度、制度绩效与社会资本的内在关联》，《公共问题研究》2009 年第 4 期，第 56 页。

度的持续能力①。政策作为一种对个体和群体具有约束力的制度之一，上述学者对制度绩效的论述完全适用于本书对政策绩效的运用。政策绩效的运用对政府的政策有重要影响，当政策绩效处理得恰当，政策绩效值客观真实，将对政府的政策走向产生积极影响；若处理不当，出现"指标主义"，虚报政策绩效值，不但会对政府公信力和政策走向带来消极影响，更重要的是会损害作为政府服务对象的大众的利益，是把政府（官员）利益凌驾于公共利益之上。

（五）四者关系

社会认知是认知主体在头脑中形成的关于认知对象的思维图式，是人们对社会事件的基本态度和看法。社会认知反映了社会事件在不同社会群体中的影响程度，或者说是不同社会群体对某一社会事件的理解程度及评价。从政策设计层面来看，政策设计是在科学的实证调查的基础上，结合实际情境，制定宏观社会政策和法律法规的过程，而宏观政策设计合理性评判的一个重要指标就是人们对于该政策设计的认知情况。实践机制要紧扣宏观的社会政策理念，更要对人们的社会认知情况进行科学分析和准确把握，经过这番努力后实行的实践机制不仅能满足宏观社会政策设计的需要，还能高度契合利益群体的现实需求和需要。实践机制是执政理念的具体化和科学化，是理念和现实社会问题的结合。社会认知及实践机制共同作用产生的效果即是政策绩效。从四者关系来看：

第一，政策设计通过宏观社会政策的提出指导并规范着实践机制，实践机制在逻辑、文本表述和实践效果等方面都要和政策设计的理念相吻合。实践机制对政策设计的作用体现在两个方面：遵从和修正，遵从表明了政策设计的完美性，是一种理想化的结果；修正表明了政策设计存在缺陷或者政策设计和现实情况在某些方面出现不一致，需要在实践中不断修正和完善政策设计。政策设计对政策绩效具有基础性功能，政策设计的最终功效要依靠政策绩效来体现，而实践机制在政策设计和政策绩效之间起着桥梁作用。所以，当我们分析政策绩效时有两点要给予重视：一是在进行同一政策设计时，有着共同的政策基础，其政策绩效主要由实践机制决定；另一种是在进行不同政策设计时，有着不同的政策基础和实践机制，因而政策绩效也不相同。

第二，整个社会事件的全过程（包括政策设计、实践机制和政策绩效）中都要进行社会认知分析。在建设项目中，学术界有人提出要以人为本，"把人放在首位"的社会项目评价理念，在对利益相关群体对建设项目社会认知情况的研究中，要确保他们的话语权得到充分尊重，要确保他们对建设项目的评价得到足够重视并在项目评定时列为主要参考意见。此处把建设项目评定前的社会评价称为前评价，把建设项目实践过程中的具体实践机制的评价称为中期评价，把建设项目实践效果的评价称为后评价，前评价表现出对建设项目受益者参与权、讨论权、决定权的尊重，中期评价是对建设项目具体实践的监督和引导，后评价则是对建设项目带来的实效及影响的评估。社会认知分析正是对建设项目前评价、中期评价和后评价的主要方法之一。

第三，详细研究不同的个人或群体的社会认知情况，了解他们的利益诉求，从而适度调整政策设计和实践机制。反过来，后两者也会影响前者，要是政策设计和实践机制一成不变、缺乏生机，那么社会认知也会是消极的；要是政策设计和实践机制灵活多变、充满创新，那么社会认知就会是积极的。作为具体化了的政策设计，实践机制其实就是建设项目的具体操作指南及方法路径，它的合理性和科学性会对人们的评价态度产生直接影响，也关系到政策绩效的实现情况。

第四，政策绩效是实践机制的直接结果，它既会对实践机制反馈重要信息，也会对政策设计反馈重要信息。政策绩效向实践机制和政策设计反馈着如下信息：当政策设计和实践机制的预期目标因政策绩效而得到满足或者大体上得到满足时，则政策设计及因此而建构起来的实践机制也就具备了事实上的合理性，将会继续发挥出它的正功能；当政策设计和实践机制的预期目标因政策绩效而出现偏离时，则政策设计及其实践机制就应该被重新审视。根据政策绩效传递出来的信息，就应该对当前的政策设计和实践机制状况进行反思，并决定是继续沿用现存的社会政策及实践机制，还是对其进行修正或重新设计。

第五，政策绩效除了对实践机制起着反馈作用之外，还深刻地影响着人们对政策项目的社会认知，包括相关利益群体、政策决策者、专家等主体对项目设计、实施及效果的社会认知。好的政策绩效有助于深化人们对政策项目的正面认知，促进项目的持续推进；不好的政策绩效会加深人们对政策项目的负面认知，该项目会被"标签"为不适合和不受欢迎的建设项目，项目会难以持续推进。

二　农村生态文明建设的政策设计、社会认知、实践机制与政策绩效

（一）政策设计为农村生态文明建设提供根本保障

制定出来的社会政策一般来说是承载着政策设计的意图。社会政策是政府为了满足基本民生需要，调节社会财富分配，维护社会公平和社会稳定而在各项社会事务方面行动的总和。[①] 可见，社会政策从解决社会问题的实践中产生，或者说是从国家为满足广大人民群众社会福利需求而作出的努力中产生。所以，可以把社会政策理解为一系列旨在提高全社会福利的政策安排。从这里也可以体会到，当前中国已经步入了一个社会政策的新时代。在这个伟大时代里，党和国家以习近平中国特色社会主义思想为指导，瞄准农村生态文明建设实践中出现的种种问题，相继出台了一系列旨在为增进广大农民社会福祉的方针政策。2014 年 1 月 20 日，生态环境部印发的《国家生态文明建设示范村村镇指标（试行）》提出建设农村生态文明的总体要求和总体目标是"生产发展、生态良好、生活富裕、村风文明"，这 16 个字的总要求和总目标，可以被理解成要全面推进农村生态文明建设。其中，生产发展是农村生态文明建设的物质基础，主要是要大力发展生态农业，努力提高以粮食生产为中心的生态农业综合生产能力；生态良好体现在改善农村人居生活环境，提高农村生活污水处理率、生活垃圾无害化处理率、林草覆盖率、河塘沟渠整治率、村民对环境状况满意率，为村民提供更多更好的生产生活条件；生活富裕的目的在于提高农民收入，提高使用清洁能源的农户比率和农村卫生厕所的普及率，为农村提供更好的生产、生活和生态条件，居农村生态文明建设的核心地位；村风文明重点是加强农村精神文明建设，提高开展生活垃圾分类收集的农户比例，提高遵守节约资源和保护环境

---

① 关信平：《改革开放 30 年中国社会政策的改革与发展》，《甘肃社会科学》2008 年第 5 期，第 8 页。

村规民约的农户比例，提高村务公开制度执行率，使农村纯朴的民风及和谐的人际关系得到回归。2017 年，党的十九大报告中提出要加快生态文明体制改革，建设美丽中国。2018 年 9 月，中共中央、国务院印发的《乡村振兴战略规划（2018—2022 年）》提出要建设生活环境整洁优美、生态系统稳定健康、人与自然和谐共生的生态宜居美丽乡村。

从社会福利政策的意义上来说，上述举措都是国家为促进农村生态发展、提高农民生态福利而提出的宏观社会政策，是国家关于农村社会福利的理念和我国农村社会生态现实相结合的产物，具有前后相继的连贯性，体现了政府决策的严谨性和科学性。这些政策也是对民众诉求的回应，具有强烈的现实关怀性，它既为农村生态文明建设提供了政策保障，也是进行农村生态文明建设的前提条件。

（二）社会认知是农村生态文明建设的思维图式

来源于认知心理学的社会认知是主体对客体、思维对存在的知识建构，是人们利用自身的经验和知识去"看世界"的过程和方法，进而形成关于这个世界的"世界图景"或"思维图像"。这么多年来，围绕"为什么""怎么样"建设农村生态文明这一实践活动，相关参与者头脑中的思维图像逐渐成形，它主要有以下几个方面的认知内容：第一，关于采取什么措施建设农村生态文明的认知；第二，对建设农村生态文明所要达到的目标和内容的认知；第三，对建设农村生态文明的实践机制状况的认知；第四，对建设农村生态文明实践绩效的认知。

（三）实践机制是农村生态文明建设的行动举措

农村生态文明建设已经成为国家的一项政策安排，是实现新时代乡村振兴战略，建设美丽乡村的重大战略举措。虽然各地的侧重点不同，成效也各有差异，但是各地都是在国家政策设计的指引下围绕"生产发展、生态良好、生活富裕、村风文明"来进行的。其主体力量包括：农民、政府和民间组织以及外在的支持主体。

在建设农村生态文明的过程中，政府起主导作用，相关政府和工作人员主动作为不但可以极大地推动建设工作向前发展，关键时刻还能把握好方向。但是，我们也不能忽略农民参与的重要意义，可以说，农民参与机制是农村生态文明建设成功与否的关键所在，所以，要想农村生态文明建设取得长足进步，就要想方设法激发农民的主动性、积极性和创造性。农民参与机制主要包括：社会动员机制、农民利益表达机制、冲突化解机制、村庄/村民奖励机制等。此外，利用好民间资源和发挥好民间组织的作用也是顺利推进农村生态文明建设的重要方面。

（四）政策绩效是对农村生态文明建设的实效评价

政策绩效是衡量政策设计和实践机制的重要指标，或者说是判断政策设计和实践好坏的重要标准，它可以通过政策绩效值来反映，而政策绩效值又可通过细化的指标体系来反映。

目前，各地农村生态文明建设指标体系的参照蓝本主要是生态环境部颁布的《国家生态文明建设示范村建设指标》，它包括生产发展、生态良好、生活富裕、村风文明四大一级指标和十八个二级指标，并规定了达成各个指标的具体标准。由于各地在经济状况、社会发展、文化习俗等方面存在差异，农村生态文明建设也存在差异性，农村生态文明建设的评价指标也不应强求一致，各地可以根据自身实际情况，参照生态环境部的国家生态文明建设示范村建设指标，建构适用于本地区（省、市、县、镇、村）的评价指标体系。

第 四 章

农村生态文明建设的政策设计

农村生态文明建设政策设计是一个计划、安排、整理的过程，在这个过程中将预想的内容以某种具体形式展现出来，从而指导具体的实践活动。在进行农村生态文明建设的政策设计时，要遵循一定的设计理念和基本规律，搞好内容设计，唯有如此才能为解决农村生态问题提供重要保障。

第一节 农村生态文明建设政策设计的重要性

目前，我国农村生态文明建设的政策体系虽已初具规模，但由于长期以来片面强调以经济发展为中心的历史惯性的影响，原有政策已无法有效应对当前的各种挑战，因此，搞好农村生态文明的政策设计意义重大。

一 有利于应对当前农村生态文明建设面临的传统设计理念挑战

我国传统生态文明建设的政策设计在理念上呈现着鲜明的"城市中心主义"色彩。相当部分均是围绕着城市生态环境问题（尤其是工业污染问题）而展开，长期以来"重城轻农""城市中心"的错误理念导向，直接导致了农村生态文明建设政策设计中的大量空白，并最终导致政策设计工作陷入一种无章可循、无法可依的尴尬境地，直接影响了规范农村生态文明建设秩序的政策设计。

问题的源头是因为我国长期以来形成了城乡二元分离的经济结构。在这一结构的主导下，再加上农民群体"天生"的分散性、文化水平不高等特点，农民在涉及自身利益的重大问题方面表现出的"集体失语"，最终导致了农民的正当利益（包括生态利益）渐渐淡出政策设计者的视野。这种对农民正当权利的忽视甚至是某种程度上的漠视，造成我国在农村生态文明建设的政策设计理念上出现"重城市轻农村"的倾向。

这一倾向具体表现为：一是对农村生态文明建设的政策缺乏针对性。相比城市生态文明建设，农村生态文明建设存在诸多特殊之处。这主要体现为在乡村社会人类从事的各种生产生活实践对农村生态所产生的影响在具体方式手段上不同于城市，在生态污染的源头、种类、处理方式等方面都明显不同于城市，所以要是不顾农村实际把处理城市生态问题的政策搬过来处理农村的生态问题，并不能解决农村生态文明建设所面临的个性化问题。二是农村生态文明建设的监管机构在现行政策中缺位。现行生态文明建设监管机构是基于"城市中心主义"而建立起来的，其工作重心在城市，而面对广大农村的生态问题，却无相关机构予以监管。三是生态文明建设规划和标准的制定以城市为参照，对范围广泛而生态问题日益严重的农村却有意无意地忽略。综上所述，不难看出正是因为长期奉行以城市为中心的设计理念才是形成目前农村生态问题的根源。伴随着农村生态文明建设实践问题的日益凸显，以往"城市中心主义"的政策设计理念已经面临着质疑与挑战。

二　有利于应对当前农村生态文明建设中面临的政策规制对象的挑战

我国现行生态文明建设政策体系主要是以城市污染、工业污染为规制对象，对农村生产生活中所产生的大量生态问题的规制则尚显不足。例如，针对目前我国农村普遍存在的土壤污染问题、农畜养殖污染问题、化肥农药等面源污染问题，至今还没有任何相应的专门性政策法规出台。这种政策调整对象上的不全面性（即仅规制城市、工业生态问题，忽视对农村、农业生态问题的调整），严重阻碍了农村生态文明建设的顺利进行。由此看来，非常有必要将农村生态污染问题纳入调整范围，建立和完善相关政策，以有效发挥农村生态文明建设政策设计的规制作用，建设一个环境友好型、资源节约型的农村社会。

三　有利于应对农村与城市之间环境不正义的挑战

农村经济问题、社会问题、文化问题的解决都需要一个最基本的条件，即好的农村生态环境，但目前农村与城市间的环境不正义已经成为我国农村生态文明建设中加强政策设计必须面对的重大挑战。农村城市之间的环境不正义主要体现在我国现行的污染防治原则和政策，着重反映的是大中城市的生态保护需要，适应乡村和乡村企业生态管理的专门政策可以说基本上是空白。这种政策方面的不正义已经成为影响农村人口生存和发展的重大政策障碍，成为我国农村生态文明建设政策设计必须跨越的重大难关。只有在政策设计过程中科学合理有效地解决我们在农村生态文明建设政策方面的问题，实现城乡之间的环境正义，真正缩小城乡间的生态差距，才能说我们的政策设计是成功的。

第二节　农村生态文明建设政策设计的基本理念

政策具有强制性，能够对社会成员进行适当的约束，使管理工作能够顺利开展。相关组织和机构在进行政策设计时要以基本的社会认知为基础，遵循一些基本的设计理念。

一　城乡一体化理念

随着社会的发展和进步，传统的"城市中心主义"的政策设计理念已经受到挑战，农村生态文明建设的政策设计应纳入城乡统筹的范畴。其缘由在于：首先，宪法权利的保护和平等价值的要求。与市民一样，农民同样是社会主义大家庭中的一员，他们凭借公民身份，享有平等的生存权、发展权、生态权等基本权益，且依法受到保护。其次，城乡统筹既包括经济社会发展的统筹，也包括生态统筹。面对当前我国农村日益严峻的生态问题，只有实现城乡生态统筹，才能更好地实现乡村振兴和中华民族伟大复兴。最后，环境科学原理的要求。环境科学中把环境按范围的大小分为乡村环境、城市环境、区域环境、全球环境和宇宙环境等。在一国范围内，乡村环境、城市环境构成了环境的主体部分。乡村环境、城市环境作为环境这个系统的组成部分，二者相互联系、相互影响。传统的"城市中心主义"的政策设计忽视环境科学的基本原理，将城乡生态环境人为割裂，导致畸形发展，不仅城市生态问题没有解决好，农村生态环境也加速恶化。必须转变思想，正视城乡生态环境的相互影响关系，确立生态文明建设政策设计的城乡统筹观念，促进城乡生态文明建设的良性发展。

因此，有必要逐渐完成我国生态文明建设过程中政策设计理念上的变革，摒弃城市中心主义的传统观念，确立城乡统筹思想，树立全国生态文明建设"一盘棋"的整体性政策设计观，注重对城乡生态的平等、一体化保护，关注城乡生态文明建设之间的相互影响关系，将农村生态文明建设实践问题作为一个整体性、综合性议题来看待。

二　实体正义理念

首先，在农村生态文明建设问题上可以通过政策设计去纠正和避免因政策执行可能造成的结果不公平，即实体的不正义。因此，在农村生态文明建设的政策设计中要始终坚持实体正义的理念，要怀着一种还债心理去设计政策，纠正以往政策设计上存在的偏重城市疏远农村及其所造成的城乡生态差异和生态不公平现象。通过特殊的政策设计，如在政策资金、技术、人才上的支持，发展农村，发展农业，繁荣农村。坚决摒弃部门利益、局部利益、短期利益，保障农村生态文明加速发展，缩小城乡生态文明建设差距。科学落实农民最急需的生产生活设施、农村生态修复、土地整治等方面的政策倾斜措施，从而起到协调城乡关系、实现实体公平和共同富裕的作用。其次，实体正义的理念在农村生态文明建设政策设计角度还体现为一种对政策实效实现程度的关切。设计的政策是需要广大的政策执行者去执行和适用的，更需要广大的农民群体去自觉地遵守，否则，政策也会成为一种供奉和摆设，生态文明建设需要的实体正义也无法实现。

三　绿色发展理念

目前，我国地方政策中有诸多片面追求经济增长忽视生态文明建设和生态保护的内容；在实践中存在为追求当地经济增长而不顾地方生态资源代价和无视农村生态及村民生态权益的行政行为。因此，出于搞好农村生态文明建设考量，有必要将绿色发展理念贯穿于政策设计的始终，同时亦应从破除地方保护主义桎梏角度出发，注重强调政策的落地与实效。在农村生态文明建设实践中，把绿色作为我们的基本理念，着重把有关绿色的减量、循环、节能、低碳等国外一些成熟的技术、政策引入政策设计中来，对现存的农村政策进行绿化，以改变过去经济效益主导的"三高一低"的不利局面，以适应绿色经济发展和生态文明建设的需要。此外，在政策设计过程中还要坚决贯彻执行国家有关调整产业结构和淘汰落后产能的导向，积极引入绿色发展模式和绿色考评体系，杜绝那些无视资源环境代价、违背环境正义的地方部门保护主义行为。

四　可持续发展理念

在当代科学技术飞速发展，工业化、现代化、信息化进程不断加深的时代背景下，人们一面享受着现代社会所提供的诸多便利，攫取着社会化大生产带来的巨大物质财富；一面又忍受着这种毫无节制地发展所引起的各种生态问题。生态问题的不断凸显迫使人们不得不摒弃以往那种"为了发展而发展"的癌症式畸形发展方式，呼唤着一条能够兼顾经济增长与环境保护的发展道路——可持续发展道路。1972 年瑞典《联合国人类环境会议》、1992 年巴西《联合国环境与发展会议》和 2002 年南非《可持续发展世界首脑会议》见证了可持续发展理念由系统提出直至为全世界所认可的过程。可持续发展理念的核心在于实现一种与生态承载能力相适应的永续发展。它强调既要实现经济社会发展的目的，又不应对我们赖以生存的大气、水、土壤等生态资源进行穷竭式开发，既要满足当代人的基本需求，又要保障后代子孙的生存和发展不受到威胁。我国农村生态文明建设是在"城乡二元制"的大背景下进行的。这一重大政策设计不仅涉及城乡之间、工农之间的复杂关系，而且涉及农业、农村与整个社会产业化调整之间的国家整体宏观经济布局。因此，在农村生态文明建设的政策设计中坚持走可持续发展道路，具有全面性、整体性、协调性的特点。这预示着在农村生态文明建设过程中，以单纯的行政命令来主导整个建设过程，都无法保障生态文明建设同其他各项生产和生活秩序相协调，即无法达到可持续性的永续发展。因此，我们必须在农村生态文明建设的政策设计中，要特别注意应用政策调控手段，充分发挥市场调节作用，搞好宏观调控，确保生态文明建设和农村的其他各项建设相互支持、统筹发展。要始终秉持统筹协调的可持续发展理念，并把这一理念贯穿于农村生态文明建设制度设计的全过程，确保农村生态文明建设从国家长远与全局角度出发，从农村经济、社会和环境三大效益协调统一的要求着眼，真正走出一条可持续发展的道路。

第三节　农村生态文明建设
政策设计的基本原则

农村生态文明建设政策设计的基本原则是农村生态文明建设客观规律的反映，是农村生态文明建设的利益相关者开展农村生态文明建设实践活动必须遵循的基本准则，除了要明确农村生态文明建设政策设计的意义、理念、内容，还必须在实践中遵循农村生态文明建设的基本原则。

一　部门整合和职能统一原则

由于生态资源自身具有公共物品属性，在对其进行保护的资金供应上大多是以政府集中公共投入的方式，在管护的方式上同样以政府的行政管护为主导。更为重要的是，这种公共物品的特有属性极易导致生态资源在利用层面（权利层面）的无序开发和管护层面（义务层面）的主体缺位，从而陷入公共物品所普遍面临的"公地悲剧"的泥潭。因此在政策设计过程中，首先要明确生态权力和生态义务的享有和承担主体，从而避免农村生态文明建设中权力主体间的破坏性竞争和义务主体的缺位。这就要求我们必须改变传统政策层面出现过的"多头行政""多龙治水"的不利局面，将农村生态文明建设中的权力主体、义务主体进行必要的集中。此外，按照决策机制的一般理论，公共行政领域中的管理主体数量与管理效率成反比关系。因此，在农村生态文明建设的政策设计过程中，有必要坚持部门整合和职能统一的原则。

二　协调原则

协调原则决定了整个农村生态文明建设的运转实效。从世界范围来看，大多数国家均设立了不同样态的生态纠纷协调机制，如法国的部际委员会联席会议、美国的国家环境质量委员会、澳大利亚的环境与资源保护委员会、德国的"共同部级规则程序"（GGO）、意大利的"112号部门协调关系法案"[①]。我国农村生态文明建设中存在的突出问题之一就是协调机制缺位，所以在进行政策设计时必须依照协调原则厘清各部门、各机关在农村生态文明建设问题上的职权范围，并建立一个统一的协调机制，使主管部门和分管部门地位明确、职责清晰，从而避免出现部门争利、互相"踢球"的不利局面。

三　能级分布原则

能级分布原则同"职责大小与能力大小相匹配"的传统思想相适应，是一种近似于"能者多劳"的权力结构安排原则。具体来讲，能级分布原则就是要赋予具有较高行政层级、管理能力较强的生态文明建设机构更多的权限，承担更多的职责。这一原则在农村生态文明建设上体现为两层含义：首先，农村生态文明建设的权利结构安排应当符合能级原则的要求形成稳定的金字塔结构，即扩大基层生态管理组织的覆盖面，增加相应的人力、资金投入。而较高层级的机构的数量则不应过多，实现权限的垂直与集中。其次明确不同能级主体间的权责安排，即上下级之间的职权应当具体明确，职责有界，各司其职。赋予较高能级主体以较高的统管权限，明确低层级主体的具体分管职责。

四　民主原则

农村生态明建设关系到每一位村民的切身利益。农村生态文明建设政策设计能否真正契合我国农村发展实际、科学回应农村生态保护的困难，所设计的政策能否解决实际问题并产生实效，关键在于我们是否坚

---

①　中国社会科学院环境与发展研究中心：《中国环境与发展评论》（第2卷），社会科学文献出版社2004年版，第334页。

持民主原则。只有坚持民主原则，才能发现农村生态文明建设的真实情况和需要什么样的政策设计，才能集思广益、充分发挥广大农民群体的积极性和创造性，才能保证政策设计的方向正确、实效明显。目前，在农村生态文明建设政策设计的过程中没有充分激励农民参与进来，政策程序还仅仅停留在部门起草、圈内调研、公众参与等层面。因此，农村生态文明建设政策设计必须坚持民主原则。当前要切实落实农民参与的有关政策的规定，保障政策设计的民主性。首先要拓宽农民参与的方式。注重在政策设计中保障农民群众直接参与和间接参与，要发挥社会团体的作用，鼓励检举和揭发各种生态违规违法行为，推动生态公益诉讼。对涉及农民生态权益的发展规划和建设项目，通过听证会、论证会或社会公示等形式，听取公众意见，强化社会监督。此外，还可以通过协商来进行，保障农村生态文明建设的民主原则得到切实的贯彻执行。

五　信赖利益保护原则

信赖利益保护原则是我国建设"诚信政府"和"法治政府"的重要指标。一般来说，信赖利益保护原则是指行政机关不应随意改变其所作出的行政行为，相对人基于相信行政行为之公信力所形成的信赖利益，受到法律之保护。具体来说，信赖利益保护原则体现在如以下方面：第一，行政行为的确定性。作为一种体现公权力运作、承载较强公信力的行政行为，其最根本之特征即在于行为本身的确定力。此等行为一经作出，即具有较强的确定性、稳定性。第二，政府对行政行为负责。行政行为作出后，如果因各种原因必须作出调整，相对人因信赖该行为之有效而投入的既有成本等信赖利益的损失，应当由行政机关承担赔偿或补偿的义务。由于我国过去几十年，生态文明建设特别是农村生态文明建设是滞后于经济发展的。在当前生态保护已经成为我们的基本国策，转变发展方式、建设资源节约型和环境友好型社会已经成为全民共识的背景下，我们会对过去通过的不利于生态保护和生态修复的政策法规进行立改废。在此种情况下，就会出现行政相对人的一些财产权利（包括动产和不动产）和合法权益会受到限制。村民支持生态文明建设却使自己合法的财产权丧失，这从法理上讲是不公平的，也不利于保护村民的财产权和保持社会关系的稳定。因此，在对农村生态文明建设进行政策设计时，如因国家保护生态的政策变更或废止，须撤销行政许可等具体行政行为，国家必须依法对行政相对人及时给予合理补偿，以此体现信赖利益保护原则。

第四节　农村生态文明建设政策设计内容

农村生态文明建设政策设计内容是农村生态文明建设系统的基本要素，全面把握农村生态文明建设政策设计内容，并根据乡村社会的具体实际有针对性地加以运用，是加强和改进农村生态文明建设、增强农村生态文明建设实效性的内在要求。

一　设计农村生态文明建设程序实施办法

目前，推进我国农村生态文明建设的主要障碍是资金短缺、没有统一规划和管理体系的制约。农村生态文明建设存在项目选点不科学、建设项目工艺技术选用混乱等问题，国家有必要设计相关基本建设程序实施办法，筛选具有环保资质的施工单位，防止工程层层转包后影响工程建设质量，也可以组建项目联盟，通过协同作战方式，把一些小项目放在一块儿形成一个大项目，形成规模，从而提升农村生态文明建设的财务生存能力，还可以县（区）为付费主体，由县（区）和所属镇乡自行决定相关费用分担比例，从而保障建设项目专业化运营的资金。

二　设计农村地区生态文明建设技术标准和规范

以农村生态文明建设中的生活污染项目为例，目前我国农村生活污染处理工程由于缺少规范的指导而引起了技术选用不规范、处理效果难以保证、监督管理难以开展等各种问题，加之我国现有的生态技术标准和政策没有考虑到农村的实际情况，对农村生态文明建设意义不大。虽然各地对农村生态文明建设工作技术标准和规范作出了探索，但成效不一，所以要尽快设计农村生态文明建设技术标准和规范。各类技术政策主要内容应包括：制定农村生态污染控制技术政策的目的，污染防治目标，污染防治的技术路线、技术原则、技术方针、技术方案，鼓励使用新技术等；与已设计和颁布的农村生态文明建设政策相衔接；严把质量关，使后期运行监管有章可循等。

三　设计农村生态文明建设标准体系

生态文明建设标准是生态文明建设政策的定量化、指标化，是实现生态文明建设目标的重要依据和手段。设计和完善农村生态文明建设标准体系能够为农村生态文明建设实践提供基本保障，地位重要，意义重大。它能推动农村生态文明建设技术进步，又能够引领农村生态文明建设的投资导向。

参考环境保护部 2014 年设计出台的《国家生态文明建设示范村镇指标（试行）》，现行农村生态文明建设标准体系中涉及"生产发展"的指标有 6 项，即：一是主要农产品中有机、绿色食品种植面积的比重；二是农用化肥施用强度；三是农药施用强度；四是农作物秸秆综合利用率；五是农膜回收率；六是畜禽养殖场（小区）粪便综合利用率。涉及"生态良好"的指标有 6 项，即：一是集中式饮用水水源地水质达标率；二是生活污水处理率；三是生活垃圾无害化处理率；四是林草覆盖率；五是河塘沟渠整治率；六是村民对环境状况满意率。涉及"生活富裕"的指标有 3 项，即：一是农民人均纯收入；二是使用清洁能源的农户比例；三是农村卫生厕所普及率。涉及"村风文明"的指标有 3 项，即：一是开展生活垃圾分类收集的农户比例；二是遵守节约资源和保护环境村规民约的农户比例；三是村务公开制度执行率。

尽管设计了上述标准，但由于农村生态文明建设问题复杂多样，同时受到经济水平、生态文明建设现状、文化程度等诸多因素的影响，农村生态文明建设标准体系还不完善，现有标准也有个适用性问题，已经不能有效应对农村生态文明建设实践中出现的种种复杂情况，急需设计完善农村生态文明建设标准体系，修订部分现行标准，以满足今后一段时期内农村生态文明建设工作的标准需求。为此，本书建议加快设计农村生态文明建设标准体系（如表 4—1 所示）。

表 4—1 　　　　　　　　农村生态文明建设标准设计一览表

序号	类别	序号	标准类别和名称
一	农村水环境标准	1	农村生活污水灌溉再利用水质标准
		2	农村生活污水排放标准
		3	农村生活污水处理技术指南
		4	农村生活污水景观水再利用排放标准
二	农村土壤环境标准	1	土壤环境质量标准
		2	温室蔬菜产地环境质量评价标准
		3	食用农产品产地环境质量评价标准
		4	有机食品产地环境质量评价标准
三	农村固体废弃物处理处置场地环境质量标准	1	生活垃圾填埋场污染控制标准
		2	生活垃圾焚烧污染控制标准
		3	农用污泥中污染物控制标准
		4	城镇垃圾农用控制标准
四	面源污染区域环境质量标准		
五	有机农业领域环境质量标准		
六	农村工矿废弃地环境质量标准		
七	农村大气环境质量标准		

四　设计"村—乡镇—县"三级责任管理体系与绩效考评制度

农村生态文明建设，是为民办实事、促进乡村振兴的主要内容，是一项上下关注的大事，把农村生态文明建设作为政绩考核的标准之一，有利于充分调动党员干部的积极性，转变政绩观念，提高其环保意识。

具体各级责任管理体系与政策设计如表 4—2 所列。

表 4—2 　　　　　"村—乡镇—县"三级责任管理体系设计一览表

	村民/菜农	小组/种养大户	村委	乡镇	区县	上级政府
垃圾	负责分类、集中存放，参与对环境和村乡的监督举报	组织收集集中，负责监管，保障不乱弃	负责清理、外运，督查工作	负责集中处理货运，督查村级工作	负责集中处理，组织技术监管、工作督查，绩效评估奖惩	负责资金分配、政策完善配套

	村民/菜农	小组/种养大户	村委	乡镇	区县	上级政府
污水	负责雨污分离，参与对环境和村乡工作监督举报	负责污水收集工程和系统管理维修	负责集中去毒处理（或入上级网），检测再利用	负责入网处理、技术指导、督查村级工作	负责入网处理，组织技术指导和监管、工作督查、绩效评估奖惩	负责基础设施建设和运行资金配套，政策完善配套
秸秆	配合实施秸秆还田，多余秸秆负责集中存放，参与对环境和村乡工作监督举报	负责秸秆还田，多余秸秆组织统一集中清运、监管，保障不焚烧、不丢弃	负责集中处理，资源化或运送专门部门单位处置，推广秸秆还田	负责建立集中专门资源化处理设施，核查村级工作	负责资源化技术指导，组织监管、工作督查、绩效评估奖惩	负责资金（含管理费用、补偿资金）配套，政策完善配套
畜禽粪便	参与对环境、养殖大户和村乡工作监督举报	配合保持适当的养殖规模。建设配套设施，负责设施运用、实施干湿分离、规范运送	负责督查养殖户遵章守法、设施报修服务、设施运行、废弃物资源化利用技术指导	负责设施建设和运行管理的技术指导，督查村级工作和养殖户工作	负责配套设施的规划、设计、运行等技术指导，组织监管、工作督查、执法管理、绩效评估奖惩	负责资金（含管理费用、补偿资金）配套，政策完善配套
菜田垃圾	负责集中存放，参与对环境和村乡工作监督举报	负责配合建设必要收集场所和设施，组织集中清运，保障不丢弃	负责配合建设集中处理设施、干湿分离、资源化处理后再利用	负责相关技术指导，督查村级工作	负责配套设施的规划、运行等技术指导，组织工作督查、绩效评估奖惩	负责资金（含管理费用、补偿资金）配套，政策完善配套

续表

	村民/菜农	小组/种养大户	村委	乡镇	区县	上级政府
村庄环境	负责自己居家和院落整洁	负责组织村内公共活动区清扫	负责组织宣传、检查、评比	负责科普和卫生措施指导,督查村级工作	负责科普宣传材料,组织科普宣传活动和生活卫生指导,组织工作督查、绩效评估奖惩	负责奖励资金配套、政策完善配套

第五章

农村生态文明建设的社会认知状况

本章采用问卷调查的方式，选取农村生态文明建设的载体"美丽乡村"和非"美丽乡村"各一个为调查点，主要调查当地农民和基层干部围绕农村生态建设过程中的认知情况并进行比较研究。

第一节　农民对农村生态文明建设的社会认知状况

一　样本基本情况

此处分别选取江西"美丽乡村"试点 D 村和非试点 B 村进行实地调查。其间，共发放 200 份问卷，每个调查点 100 份。从有效问卷的回收情况看，列为试点村的调查点共回收 96 份，非试点村的调查点共回收 98 份，两个调查点共获取 194 份有效问卷。

从样本的性别分布情况看（见表 5—1），男性 153 人，占 78.9%；女性 41 人，占样本人数的 21.1%；从调查对象的身份情况看，试点村村民占样本总数的 49.5%，非试点村村民占 50.5%。从经济发展情况看，家庭经济状况一般的调查对象占样本总数的 54.3%，家庭经济状况中等的占 44.2%，家庭富裕的仅占 1.5%。从生产方式看（见表 5—2），所在村生产方式以农业为主的调查对象有 155 人，占 79.9%；以工业为主的有 35 人，占 18.0%；以商业为主的 3 人，占 1.5%。

表5—1 性别、身份

	性别（n=194）		身份（n=194）		家庭经济情况（n=194）		
	男	女	试点村村民	非试点村村民	一般	中等	富裕
人数	153	41	96	98	105	86	3
百分比（%）	78.9	21.1	49.5	50.5	54.3	44.2	1.5

表5—2 主要生产方式

	农业	工业	商业	没有回答
人数	155	35	3	1
百分比（%）	79.9	18.0	1.5	0.5

二 农民对农村生态文明建设的认知状况

农村生态文明建设经过多年的努力实践，已经给农村生态环境带来了一些可喜的变化，产生了一定的绩效。政府部门站在自身的立场对农村生态文明建设的积极影响给予了不少的关注，专家学者从专业角度对农村生态文明建设的路径选择、实践机制和存在的问题进行了学理性的思考，取得了较为丰硕的研究成果。然而，作为农村生态文明建设主体，即受益者的农民是怎么看待这一实践活动的，我们还有待探索。

（一）对于农村生态文明建设举措的认知

在这一点上，村民普遍表示赞同并表达了积极支持的态度。大部分村民认为国家颁布有关农村生态文明建设的政策意义非常重要，并希望能长期按照政策的要求做下去。但也有一些村民表达了自己的顾虑，约2成多的村民对此举能否扭转目前农村脏乱差的环境状况表示了怀疑，约3成的村民认为这一好政策不一定能够长期执行下去。

在调查过程中，共获取了194份有效问卷。调查对象中认为这些政策意义重大的有150人，占所有调查总数的77.3%；认为这些政策意义一般的有22人，占总人数的11.3%；有11人认为决议没有什么特别意义，占调查对象5.7%；另有11人表示"说不清"，占总人数5.7%（见表5—3）。

表5—3　　　对我国关于农村生态文明建设政策重要性的认知

	农村生态文明建设政策的重要性（n＝194）			
	意义重大	意义一般	没有特别意义	说不清
人数	150	22	11	11
百分比（％）	77.3	11.3	5.7	5.7

在被问及"您认为我国关于农村生态文明建设政策的颁发时间是否合适"时，194名调查对象中有35人表示有点晚，占总人数的18.0%；有122人认为时机正合适，占总人数的62.9%；有4人觉得"为时过早"，占总人数的2.1%；有33人选择"说不清"，占总人数的17.0%（见表5—4）。

表5—4　　　对我国农村生态文明建设有关政策的颁布时间是否认同

	对我国农村生态文明建设有关政策的颁布时间是否认同（n＝194）			
	有点晚	正合适	为时过早	说不清
人数	35	122	4	33
百分比（％）	18.0	62.9	2.1	17.0

当谈到农村生态文明建设能否改变农村脏乱差的面貌这一问题时，有59.3%的调查对象选择"能"，有25.8%的对象选择"也许能"，17人选择"不能"，占总人数的8.8%，有占6.2%人认为"说不清"（见表5—5）。

表5—5　　　对农村生态文明建设能否改变农村脏乱差面貌的认知

	农村生态文明建设对脏乱差面貌的改变作用（n＝194）			
	能	也许能	不能	说不清
人数	115	50	17	12
百分比（％）	59.3	25.8	8.8	6.2

注：因为计算过程中采用四舍五入的方法，各分项百分比之有可能不等于100%。下同。

在对国家推行农村生态文明建设举措的赞同程度的调查上，有104人表示完全赞同，82人表示赞同，分别占总调查对象的53.6%和42.3%。只有2人表示不太赞同，仅占总人数的1.0%。此外，有3.1%的人选择了"说不清"（见表5—6）。

表5—6　　　　　是否赞同国家推行农村生态文明建设举措

	对国家推行农村生态文明建设举措的赞同程度（n=194）			
	完全赞同	赞同	不太赞同	说不清
人数	104	82	2	6
百分比（%）	53.6	42.3	1.0	3.1

调查对象对"您希望我国农村生态文明建设长久持续下去吗?"这一问题的回答情况是：有171人明确表示希望，占总人数的88.1%；有4人回答不太希望，占2.1%；真正不希望的占3.6%，6.2%的人回答了"说不清"（见表5—7）。

表5—7　　　　　是否希望农村生态文明建设长久持续下去

	农村生态文明建设长久持续（n=194）			
	希望	不太希望	不希望	说不清
人数	171	4	7	12
百分比（%）	88.1	2.1	3.6	6.2

在对农村生态文明建设政策能否长期执行下去的态度中，59.8%的人表示一定能够，21.1%的人表示有点担心，另有8.2%的人表示很担心，还有10.8%的人表示说不清（见表5—8）。

表5—8　　　　对农村生态文明建设政策能否长期执行的认知

	农村生态文明建设政策长久执行（n=194）			
	一定能够	有点担心	很担心	说不清
人数	116	41	16	21
百分比（%）	59.8	21.1	8.2	10.8

（二）对农村生态文明建设目标和内容的认知

参照《国家生态文明建设示范村镇指标（试行）》中提出的"生产发展、生态良好、生活富裕和村风文明"四大考核目标，我们以总目标—分目标的形式展开调查。

从对总目标的认知来看，大多数的农民认为农村生态文明建设的四大目标内容全面，但也有一定比例的农民认为不太全面，有人表达在四大目标之外加入"共同富裕"的想法，说明农民对农村生态文明建设可能带来的社会分化表示担忧。而在四大目标中，较大比例的村民认为生产发展和生活富裕的目标最为重要，说明农民对现实的生产生活状况不甚满意。从对分目标的认知来看，大部分村民认为生产发展关键要靠资金投入和提高农民素质；对于生态良好，较大比例的村民认为主要依靠提高农民素质和统一规划，而选资金投入的比例也不小；绝大部分村民认为生活富裕主要表现在收入提高和基本生活水平得到保障；对于村风文明，绝大多数村民认为一定要进行建设。

1. 对总目标认知情况的调查

围绕农村生态文明建设总目标的调查中，194 名受调查对象中有 43 人认为提得很全面，占总人数的 22.2%；有 86 人认为总目标比较全面，占总人数的 44.3%；认为总目标不够全面的占总人数 21.6%；有 11.9% 的调查对象回答"说不清"（见表5—9）。

表5—9　　　　　　　　　对农村生态文明建设总目标的认知

	总目标是否全面的认知（n = 194）			
	很全面	比较全面	不太全面	说不清
人数	43	86	42	23
百分比（%）	22.2	44.3	21.6	11.9

在进一步问到相比较而言认为总目标中的四大分目标哪个更为重要时，49.0% 的人选择了"生产发展"；选择"生活富裕"的占总人数的 28.4%；18.0% 的人选择了"村风文明"；9 人选择了"生态良好"，占 4.6%（见表5—10）。

表5—10   对四大分目标重要程度的认知

	总目标四大内容重要程度的认知（n = 194）			
	生产发展	生态良好	生活富裕	村风文明
人数	95	9	55	35
百分比（%）	49.0	4.6	28.4	18.0

2. 对分目标的认知

在第一项分目标"生产发展"的调查中，33.5%的调查对象认为"资金投入"是其中最关键的因素，24.2%的村民选择"生态产业培育"作为最关键因素；把"提高农民素质"看作发展生产最关键的占总人数的35.6%，有13人"说不清"，占6.7%（见表5—11）。

表5—11   对"生产发展"的最关键因素的认知

	"生产发展"的最关键因素（n = 194）			
	资金投入	生态产业培育	提高农民素质	说不清
人数	65	47	69	13
百分比（%）	33.5	24.2	35.6	6.7

对于"生态良好"的目标，有38.7%的调查对象认为主要体现在"提高农民素质"上；39.7%的人认为要靠"统一规划"；19.6%的人选择的是"资金投入"，2.0%的受访者对问题"说不清"（见表5—12）。

表5—12   对"生态良好"主要依靠的认知

	"生态良好"的最关键因素（n = 194）			
	统一规划	提高农民素质	资金投入	说不清
人数	77	75	38	4
百分比（%）	39.7	38.7	19.6	2.0

对于"生活富裕"的目标，有53.1%的调查对象认为"生活富裕"主要体现在收入提高上；10人认为"心里感觉"是主要体现，占5.2%；37.1%的人选择的是"生、老、病、死、住、吃"不用愁，4.6%受访者

对问题"说不清"（见表5—13）。

表5—13　　　　　　　　对"生活富裕"主要体现的认知

	"生活富裕"的主要体现（n = 194）			
	收入提高	心里感觉	"生、老、病、死、住、吃"不用愁	说不清
人数	103	10	72	9
百分比（％）	53.1	5.2	37.1	4.6

在是否要培育"村风文明"这一目标的问题上，占调查总人数85.1%的人认为"一定要"，7.2%的人认为"不一定要"，3.6%的人认为"不需要"，回答"说不清"的占4.1%（见表5—14）。

表5—14　　　　　　对现在是否要培育"村风文明"的认知

	"村风文明"培育（n = 194）			
	一定要	不一定要	不需要	说不清
人数	165	14	7	8
百分比（％）	85.1	7.2	3.6	4.1

（三）对农村生态文明建设实践认知情况的调查

1. 对实践中困难的认知

有42人认为农村生态文明建设按国家的要求实施"很困难"，所占比例为21.6%，回答"困难"的占总人数的37.6%，占总人数35.1%的人认为"并不困难"，另有5.7%的人选择"说不清"（见表5—15）。

表5—15　　　　　　农村生态文明建设实践困难的认知

	农村生态文明建设按国家要求是否困难（n = 194）			
	很困难	困难	不太困难	说不清
人数	42	73	68	11
百分比（％）	21.6	37.6	35.1	5.7

　　认为农村生态文明建设按国家要求实施"困难"和"很困难"的村民在回答困难的主要原因时，为23.2%的人认为问题出在农民想法与政府做法不一致上，24.7%的人认为困难来自建设目标要求与现实间存在着的差距，52.1%的人认为"前两种情况都有"（见表5—16）。

表5—16　　　　　　对农村生态文明建设困难的主要原因的认知

	农村生态文明建设中为什么会出现困难（n＝194）		
	农民心中所想与政府 实际所做存在不一致	提出的目标要求与 客观实际有出入	前两种情况都有
人数	45	48	101
百分比（%）	23.2	24.7	52.1

　　当我们问到"按国家政策所要求的去做的话，您觉得最大的困难会是什么呢"，排在前两位的主要是资金困难和政府大包大揽（见表5—17）。

表5—17　　　　　　按国家政策执行的具体困难所在

	实践过程中执行国家政策的困难原因（n＝194）				
	资金困难	农民积极性不高	政府大包大揽	上面考核 验收太严	说不清
人数	59	41	49	5	40
百分比 （%）	30.4	21.1	25.3	2.6	20.6

　　2. 对各级政府在农村生态文明建设中应该承担多大责任的认知

　　关于这一问题，调查者将乡镇政府看作责任主体的有48.5%，认为县级政府责任最大的占23.7%，12.4%的人认为省级政府在此应担当重任，15.5%的村民将最大责任着眼于中央政府（见表5—18）。

表5—18　　　　　　关于农村生态文明建设中各级政府责任的认知

	各级政府在农村生态文明建设中的责任（n＝194）			
	乡镇政府	县级政府	省级政府	中央政府
人数	94	46	24	30
百分比（%）	48.5	23.7	12.4	15.5

　　对于基层政府在农村生态文明建设中作用的认知上，61.9%的受调查者觉得他们的作用很大，有25.3%的人认为作用不太大，认为他们作用不大的占9.8%。而对当前基层政府在农村生态文明建设中所做事情的调查结果是，38.1%的人觉得政府做的太多了，占总人数15.5%的人认为"不多不少"，有35.1%的人感觉政府所做的太少了，11.3%的受调查者"说不清"（见表5—19）。

表5—19　　　　　　基层政府在农村生态文明建设中的作用

	基层政府在农村生态文明建设中的作用（n＝194）				基层政府在农村生态文明建设中所做事情（n＝194）			
	很大	不太大	不大	说不清	太多了	不多不少	太少了	说不清
人数	120	49	19	6	74	30	68	22
百分比（%）	61.9	25.3	9.8	3.1	38.1	15.5	35.1	11.3

3. 对建设主体的认知

　　调查对象就"谁是农村生态文明建设的主体"的看法中多数人还是认可政府这一主体，其次是主张政府、农民和民间组织三者有机结合，再次才是农民（见表5—20）。

表5—20　　　　　　关于谁是农村生态文明建设的主体

	农村生态文明建设的主体（n＝194）			
	政府	农民	民间组织	三者结合
人数	80	30	5	79
百分比（%）	41.2	15.5	2.6	40.7

4. 关于在农村生态文明建设过程中是否有必要成立相关的农民合作组织的认知

关于这个问题超过70%的村民持肯定态度，21.1%的村民持中间态度，也有4.6%的村民持反对态度（见表5—21）。

表5—21　对农村生态文明建设具体实践中成立农民合作组织的认知

	成立农民合作组织（n = 194）		
	很有必要	不一定要	不需要
人数	144	41	9
百分比（%）	74.2	21.1	4.6

"如果成立相关农民合作组织的话，哪一因素会起决定性作用"，就这一问题的回答与我们预想的差不多，排第一位的是政府的引导，占70.1%，其次才是农民参与意愿，占60.3%，不过认为要依靠领头的村民和外部资金的扶持也不少，分别为35.1%和42.8%（见表5—22）。

表5—22　　农村生态文明建设中农民合作组织建立的取决力量

	农村生态文明建设中农民组织建立的取决力量（n = 194）（可多选）	
	人数	%
农民参与意愿	117	60.3
政府的引导	136	70.1
农民中的领头人物	68	35.1
外部资金扶持	83	42.8

5. 围绕试点村情况的调查

在对这一问题的多项选择中，试点村的村民对于本村能够当选试点村，有一半多的村民认为是地理位置占了优势，其次才认可是由于本村人齐心协力的结果，不过也有33.3%的村民认为本村的经济条件不错也是理由之一，认为全靠碰运气的村民极少，只占3.1%（见表5—23）。

表5—23　　　　　　　　　认为本村被选为试点村的原因

	对本村被选为试点村的原因（n＝96）（可多选）	
	人数	%
经济条件好	32	33.3
地理位置好	57	59.4
村里人心齐	37	38.5
上面有关系	15	15.6
运气好被选上	3	3.1

在对试点村村民的调查中，我们也发现一个奇怪的情况，就是本村当选试点村后，我们提到"您是否为本村被选为试点村高兴"，竟然有人认为不高兴，不过比例极少，只占4.2%。绝大多数还是由衷地感到高兴，比例达到70.8%。当然认为"无所谓"和"说不清"的分别占17.7%和7.3%（见表5—24）。

表5—24　　　　　　　　　对本村被选为试点村的态度

	态度（n＝96）			
	高兴	不高兴	无所谓	说不清
人数	68	4	17	7
百分（%）	70.8	4.2	17.7	7.3

在回答不高兴的4人中，有1人是因为感觉被选为试点村后村民要花费很多时间在这上面，另3人是觉得政府做法与村民想法并不一致，没有人将不高兴的原因归于"要老百姓出钱"和"搞形式，意义不大"上（见表5—25）。

表5—25　　　　　　　　不高兴本村被选为试点村的原因

原因（n＝4）	人数	%
要老百姓出钱	0	0
要花费很多时间	1	25.0
政府做法与村民想法不一致	3	75.0
搞形式，意义不大	0	0

在对试点村村民的进一步调查中，我们发现当问到"为什么对本村被选做试点村高兴"的多项选择中，有80%以上的村民认为当选后村子的面貌肯定会发生翻天覆地的变化。其次也有少量村民认可当选后国家肯定会拨很多钱，这样村民的生活水平也能得到提高。但认为当选试点村后会使村子里的干群关系得到改善的比例仍然不高，只有13.5%（见表5—26）。

表5—26　　　　　　　　　　高兴本村被选为试点村的原因

原因（n＝96）（可多选）	人数	％
国家拨给村里很多钱	21	21.9
村庄面貌发生巨大变化	82	85.5
家里生活水平上得到提高	19	19.8
干群关系更为融洽	8	13.5

通过对本村未被选为试点村的村民调查得知，他们中有52.0%的人对此表示不高兴，5.1%的人表示高兴，23.5%的调查者对本村选不选作试点村无所谓，有19.4%的人选择了"说不清"（见表5—27）。

表5—27　　　　　　　　　　对本村未被选为试点村的态度

	态度（n＝98）			
	不高兴	高兴	无所谓	说不清
人数	51	5	23	19
百分比（％）	52.0	5.1	23.5	19.4

非试点村村民中，35.7%的人认为自己村没有当选试点村的主要原因是村子太穷了，有31.6%的人认为自己村位置太偏而未被选作农村生态文明建设试点村，42.9%的人把原因归在了村里人心不齐上，还有31.6%的人认为原因在于上面没有关系，有7.1%的人认为是运气不好造成的（见表5—28）。

表5—28　　　　　　　非试点村民认为本村未被选为试点村的原因

	认为本村未被选为试点村的原因（n＝98）（可多选）	
	人数	%
太穷	35	35.7
地理位置偏	31	31.6
村里人心不齐	42	42.9
上面没有关系	31	31.6
运气不好没被选上	7	7.1

而对于其他村被选为试点村的原因，非试点村受调查村民中有40.8%的人认为当选的试点村是经济条件好，51.0%的人认为是地理位置比较好，35.7%的人认为试点村村民人心齐，29.6%的人将上面有关系看作原因，另有10.2%的人觉得试点村的当选是他们的运气比较好（见表5—29）。

表5—29　　　　　　　非试点村村民认为他村当选的原因认知

	非试点村村民认为试点村选取的主要原因（n＝98）（可多选）	
	人数	%
经济条件好	40	40.8
地理位置好	50	51.0
村里人心齐	35	35.7
上面有关系	29	29.6
运气好被选上	10	10.2

对在自己村没被选为农村生态文明建设试点村后，是否羡慕试点村村民的问题上，村民中表示羡慕的占49.0%，表示不羡慕的仅10.2%，也有27.6%的人表示无所谓，13.3%的人表示说不清（见表5—30）。

表5—30 是否羡慕当选试点村的村民

	态度 （n＝98）			
	羡慕	不羡慕	无所谓	说不清
人数	48	10	27	13
百分比（%）	49.0	10.2	27.6	13.3

在对试点村和非试点村进行的所有调查中，认为当前的农村生态文明建设"试点村"有带动作用的占59.8%，不过，也有村民认为带动作用不会太大，占比还有点高，达到33.5%，不认可带动作用的比例则比较低，只有5.7%。此外，还有极少数村民担心这一做法会带来新的矛盾（见表5—31）。

表5—31 对当前"试点村"有无带动作用的认知

	认知态度 （n＝194）			
	有带动作用	作用不大	没带动作用	反而引发新的矛盾
人数	116	65	11	2
百分比（%）	59.8	33.5	5.7	1.0

在问到"是否希望自己村成为试点村"的时候，我们本以为村民对争取本村当选试点村的热情很高，但是通过调查，我们发现希望的仅占40.7%；占比最高的是比较希望的，达到48.5%；也有村民表示说不清；当然也有极少部分村民不支持（见表5—32）。

表5—32 是否希望本村成为试点村

	态度 （n＝194）			
	希望	比较希望	不希望	说不清
人数	79	94	4	17
百分比（%）	40.7	48.5	2.1	8.8

试点村当选后，是要在农村生态文明建设实践中起榜样带头作用。但是经过一段时间的实践，有的地方可能并不如人意，这其中的缘由到

底是什么呢？带着这个问题我们对两个村子的村民展开了调查。其中有
不少村民认为这只是个别情况不能代表一般，占50.5%；当选后滋长了
等、靠、要思想，占比达到32.0%；不过也有17.5%的人认为政府缺乏
宣传是主要原因（见表5—33）。

表5—33　　　　　　　　　对试点村未起带动作用的原因认知

	原因（n = 194）		
	只是个案， 缺乏普遍性	其他村民无所谓， 等、靠、要思想严重	政府缺乏宣传
人数	98	62	34
百分比（%）	50.5	32.0	17.5

　　当选试点村后，事情千头万绪，围绕"生产发展、生态良好、生活
富裕、村风文明"的目标，到底要把哪一个目标摆在第一位，给予优先
考虑。经过调查我们发现两个村的村民有超过半数的人看重的还是经济，
首选目标为生产发展；其次是让老百姓生活富起来，占18.0%；排在第
三是村风文明，占12.4%；垫底的是生态良好，占10.3%（见表5—
34）。

表5—34　　　　　认为在具体的"试点村"实践中，"四个目标"
　　　　　　　　　　　　　　应以哪个为优先

	"四个目标"的优先程度（n = 194）			
	生产发展	生态良好	生活富裕	村风文明
人数	115	20	35	24
百分比（%）	59.3	10.3	18.0	12.4

　　事实上，在已经进行的农村生态文明建设"试点村"具体实践中，
当前的"试点村"是以什么作为优先目标的，47.4%的村民选择生产发
展，30.4%的村民选择生态良好，7.7%的村民选择了生活富裕，14.4%
的村民选择的是村风文明（见表5—35）。

表5—35 在具体的"试点村"建设中现在最先做的是哪一步

	"四个目标"的优先程度（n = 194）			
	生产发展	生态良好	生活富裕	村风文明
人数	92	59	15	28
百分比（%）	47.4	30.4	7.7	14.4

（四）对国家颁发的农村生态文明建设的相关政策和农村生态文明建设的效果如何的看法

在人们眼中，政府主导是农村生态文明建设实践取得成功的最关键因素的占78.4%，64.4%的人认为农民要积极参与是关键，22.7%的人把发展农民合作组织看成最关键因素，还有32.0%的人认为成功的关键是国家的农村生态文明建设政策不能变（见表5—36）。

表5—36 对农村生态文明建设取得实践成功的最关键因素的认知

最关键因素（n = 194）（可多选）	人数	%
政府要主导	152	78.4
农民要积极参与	125	64.4
发展农民合作组织	44	22.7
政策不能变	62	32.0

在当前基层农村生态文明建设与国家政策要求是否一致的问题上，42.8%人认为是一致的，33.5%的人认为不太一致，感觉不一致的有13.4%，回答说不清的为10.3%（见表5—37）。

表5—37 对目前基层农村生态文明建设与国家政策要求
是否一致的认知

	基层农村生态文明建设与国家要求的一致性（n = 194）			
	一致	不太一致	不一致	说不清
人数	83	65	26	20
百分比（%）	42.8	33.5	13.4	10.3

对已经进行的农村生态文明建设工作，33.5%的人表示工作取得了很大成效，57.2%的人觉得成效不大，认为没有成效的仅占2.1%，有7.2%的人表示说不清（见表5—38）。

表5—38　　　　　对目前农村生态文明建设实践成效的认知

	农村生态文明建设实践的成效（n=194）			
	有很大成效	成效不大	没有成效	说不清
人数	65	111	4	14
百分比（%）	33.5	57.2	2.1	7.2

关于按当前国家政策实施农村生态文明建设能否成功的提问，获得的结果是：62.4%的人认为肯定成功，24.2%的人认为不一定成功，有4.1%的人认为农村生态文明建设成功不了，另有9.3%的人表示难以说清（见表5—39）。

表5—39　　　对按国家政策实施农村生态文明建设能否成功的认知

	农村生态文明建设实践的成效（n=194）			
	肯定成功	不一定	成功不了	说不清
人数	121	47	8	18
百分比（%）	62.4	24.2	4.1	9.3

此次受访对象中，对农村生态文明建设充满信心的占总数的79.9%，13.4%的人表示出信心不足，只有3.1%的人回答了"没有信心"，3.6%的人选择"说不清"（见表5—40）。

表5—40　　　　　对搞好农村生态文明建设的信心

	对搞好农村生态文明的信心（n=194）			
	有信心	信心不足	没有	说不清
人数	155	26	6	7
百分比（%）	79.9	13.4	3.1	3.6

第二节　基层干部对农村生态文明
建设的认知状况

一　样本基本情况

本次调查的基层干部共 40 位，每个调查点发放 20 份问卷。调查过程中共获取 36 份有效问卷，成为研究的有效样本。从样本的性别分布看，男性占 85.8%，女性占 14.2%，男性居多；从乡（镇）在当地的经济发展水平看，处于中等水平的最多，占 85.8%，处于一般水平和富裕水平的分别占调查总数的 12.3% 和 1.9%；对于"所在的乡镇有无比较具有特色或优势的传统产业与资源"的问题，回答"有"和"没有"的比例相差不大，分别为 45.6% 和 54.4%；从所在乡镇的产业结构看，大部分以农业为主，占 79.8%（见表 5—41）。

表 5—41　　　　　　　　　　　样本的基本情况

变量	选项	百分比（%）
性别	男	85.8
	女	14.2
您所在的乡镇在您所在的县市中经济发展水平	一般	12.3
	中等	85.8
	富裕	1.9
您所在的乡镇有无比较具有特色或优势的传统产业与资源	有	45.6
	没有	54.4
您所在的乡镇的产业结构	农业为主	79.8
	工业为主	10.6
	商业为主	8.1
	缺省	1.5

二　基层干部对农村生态文明建设的认知状况

（一）对农村生态文明建设举措的认知

由表 5—42 可知，样本中 86.1% 的人已经认识到农村生态文明建设中的重大意义。49.2%的人认为农村生态文明建设的决议的颁布正合时宜，并能适度减小城乡差距。但对于国家提出的农村生态文明建设的有关政策，被调查对象还有不少争议，"完全认同"的仅占28.6%，"认同"和"不认同"分别占34.3%和33.6%。在"国家有关农村生态文明建设的政策能够长期执行"这个问题上，绝大部分人还是表示了信心，但也有33.3%的人表示"阻力很大"的担忧。

　　总之，通过调查我们可以看到，对待农村生态文明建设，绝大部分干部还是认识到了重要性，并且也期盼着快点行动起来，对农村生态文明建设这个解决农村经济社会生态协调发展问题的新思路、新举措抱着良好的期盼态度。

表5—42　　　　　　　样本对农村生态文明建设政策的认知

变量	选项	百分比（%）
您认为我国关于农村生态文明建设的决议	意义重大	86.1
	意义一般	8.7
	没有特别意义	0.8
	说不清	3.7
	缺省	0.7
您认为我国关于农村生态文明建设的决议的颁布	有点晚	31.6
	正合时宜	49.2
	为时过早	17.4
	说不清	1.8
农村生态文明建设能减小城乡差距	肯定能	26.3
	有减少，但作用有限	57.3
	不能	14.2
	说不清	2.2
您认同国家提出的农村生态文明建设的有关政策吗？	完全认同	28.6
	认同	34.3
	不大认同	33.6
	说不清	2.7
	缺省	0.8

续表

变量	选项	百分比（%）
您觉得国家有关农村生态文明建设的政策能够长期执行下去吗？	能够顺利执行下去	51.5
	有可能，但阻力很大	33.3
	持续不了	7.7
	说不清	6.3
	缺省	1.5

（二）对农村生态文明建设目标及内容的认知

1. 对总体目标的认知

大部分被调查者认为农村生态文明建设提出的"生产发展、生态良好、生活宽裕、村风文明"的目标是很全面或比较全面的，而其中最重要的就是"生产发展"。"生产发展"是农村生态文明建设的首要任务，长期以来，农村生产落后，经济发展缓慢，农村生态文明建设过程必须时刻牢记紧紧咬住经济建设为中心不放松，要在加强农村生态文明建设的同时想办法让农民过上体面而宽裕的生活（见表5—43）。

表5—43　　　　　　　　对总体目标认知

变量	选项	百分比（%）
您觉得农村生态文明建设"生产发展、生态良好、生活宽裕、村风文明"的目标	很全面	45.3
	比较全面	51.5
	不太全面	3.2
您觉得农村生态文明建设"生产发展、生态良好、生活宽裕、村风文明"的目标内容中，相比较而言，哪个最重要	生产发展	70.2
	生态良好	16.4
	生活富裕	9.0
	村风文明	2.6
	缺省	3.8

2. 对分目标的认知

在对待分目标的认知问题上，由表5—44可知，样本中有41.4%和40.3%的人认为"生态产业的培育"和"提高农民素质"是"发展生产"最关键的因素，"生态良好"主要依靠"农民自身素质的提高"（49.1%），"生活富裕"最主要体现在"收入提高"（43.9%）和"农民基本生活不用愁"（46.3%），农村"村风文明"要花大力气去建设。

根据对部分基层干部的访谈，我们得知，很多基层干部提出"财政收入增幅太高与培植新的经济增长点之间存在矛盾"，他们通过抓好外向型经济来解决这个问题，但这个很多都依靠农民素质的提高。农民素质的提高可以起到"发展生产"和实现"生态良好"的目标，所以他们都不同程度地加大了对教育的投入，通过市场运作，依靠社会力量办学。

表5—44　　　　　　　　　　对分目标的认知

变量	选项	百分比（%）
您觉得要"发展生产"最关键的是	加大资金投入	9.7
	生态产业的培育	41.4
	提高农民素质	40.3
	其他	8.6
您觉得"生态良好"主要依靠	政府统一规划	23.7
	农民自身素质的提高	49.1
	投入专项资金或由专人来开展这项工作	13.6
	其他	11.5
	缺省	2.1
您觉得"生活富裕"最主要体现在	收入提高	43.9
	农民自己心理感觉	8.2
	农民基本生活不用愁	46.3
	说不清	1.6
您觉得现在的农村"村风文明"要花大力建设吗?	一定要	92.1
	不一定要	5.2
	说不清	0.9
	缺省	1.8

（三）对农村生态文明建设实践的认知

1. 对实践中困难的认知

由表5—45可知，按国家关于农村生态文明建设的要求去做的困难程度，两种不同态度都占有很大的比例，其中表示"很困难"的有34.6%，表示"基本不困难"的有41.8%，在这部分觉得困难的人群中，感觉"政策脱离基层实际""政策的目标要求过高"和"政府的管理体制有缺陷"三种情况都有的人占多数。而基层政府中最困难的事就是缺乏资金。

表5—45　　　　　　　　　对实践中困难的认知

变量	选项	百分比（%）
您觉得在具体实践中，按国家关于农村生态文明建设的要求去做困难吗？	很困难	34.6
	有一点困难	18.1
	基本不困难	41.8
	说不清	2.8
	缺省	2.7
如果您觉得困难，作为国家及政策设计原因在	政策脱离基层实际	16.3
	政策的目标要求过高	14.2
	政府的管理体制有缺陷	24.5
	前面三种情况都有	33.9
	缺省	11.1
您觉得如果要按中央的政策去做，基层政府在实践中最困难的事是	缺乏资金	48.6
	农民积极性不高	24.6
	基层政府权力有限	8.9
	其他	17.9

2. 对政府责任的认知

谈到自己熟悉的内容，大部分被调查对象认为，在农村生态文明建设中，基层政府责任最大，46.1%的人认为起到了很大作用，81.0%的人认为基层政府在农村生态文明建设中做的事情太多了（见表5—46）。农村生态文明建设将是一项长期而艰苦繁重的任务，现阶段，农民不富裕、组织化程度不高、农业投入效益的滞后性以及由此带来的效益风险、反哺和支援措施都决定了实施主体仍然是政府。可见，目前政府在农村生态文明建设中起着主导作用。

表 5—46　　　　　　　　　　对政府责任的认知

变量	选项	百分比（%）
您觉得在农村生态文明建设中，哪级政府责任最大	乡镇政府	46.1
	县级政府	16.3
	省级政府	4.6
	中央政府	26.9
	缺省	6.1
您觉得基层政府在农村生态文明建设中的作用	很大作用	58.7
	有作用，但作用有限	34.4
	作用基本不大	5.8
	说不清	1.1
您觉得基层政府在农村生态文明建设中做的事情	太多了	81.0
	不多不少	7.4
	太少了	5.2
	说不清	6.4

3. 对建设主体的认知

由表 5—47 可看出 87.9% 的调查对象认为农民才是农村生态文明建设的主体。有位基层干部反映："农业税费改革后，乡镇村工作进行了转型，原来他们干部服务意识不强，搭车收费、乱收暴收的情况严重，现在工作重点体现在社会治理和公共服务上，所以在农村生态文明建设中，他们也不再是发号施令了，而更尊重农民自身的选择。"在调查中，很多村民理事会负责人介绍："以农民为主体推动农村生态文明建设，农民的热情高了，愿意出工、出钱，当地有些项目都是由政府拨一部分，农民筹一部分，然后每家出劳动力进行修建的。"

这样，既维护农民在农村生态文明建设中的发言权，又给予农民决策权。以农民为主体的理事会也建立了农民自我管理、自我发展的长效机制。

表 5—47   对建设主体的认知

变量	选项	百分比（%）
您觉得农村生态文明建设的主体应该是	政府	1.7
	农民	87.9
	民间及社会组织	2.6
	三者结合	7.8

4. 对农民组织的认知

表 5—48 反映出有 58.7% 的被调查者认为在具体实践中有必要成立农民合作组织，43.3% 的被调查者认为农民组织建立的关键取决于"农民中是否有领头人物"。

农民合作组织实施扶助，是世界各国普遍采取的政策，中国的农民合作组织队伍还不是很庞大，需要进一步的发展。大部分被调查对象还是认可合作组织的必要性，但主要是考虑到要在农民中培育领头人物。

表 5—48   对农民组织的认知

变量	选项	百分比（%）
您觉得在具体实践中有必要成立农民合作组织吗？	很有必要	58.7
	不一定要，看地方的实际情况	35.1
	不需要	2.2
	说不清	4.0
您觉得在农村生态文明建设中农民组织的建立最主要取决于哪个方面？	农民自身的参与意愿	25.0
	政府的引导	25.4
	农民中是否有领头人物	43.3
	外部资金扶持	2.1
	其他	4.2

5. 对"试点村"的态度

抓点带面，示范带动，由表 5—49 可知，74.1% 的被调查者认可"试点村"在农村生态文明建设中的促进作用，大部分人认为选取"试点村"的关键在于该村的经济基础好，从被调查对象可以发现，站在乡镇领导的角度，他观察到村民对自己的村庄被选为"试点村"的态度，表示高兴和无所谓的分别占 48.2% 和 39.1%。49.6% 的被调查者认为"试点村"带动作用还不太大。与表 5—43 反映的相似，在"试点村"中，"发展生产"仍然被放在四个目标的优先位置。同时，大家反映，"生态良好"是最容易做到的。

　　D 村就是因为"经济条件好、群众基础好"被选上的，该村人均年纯收入能达到近万元，在基层干部讲政策、做动员后，村民们积极要求成为"试点村"，当即成立了村民理事会，在村里打了水井，改造了村级公路、下水道、自来水、厕所，按照上级文件，该村获得了几万元奖励。相隔不远的村看到农村生态文明建设的变化，也准备申请"试点村"。

表 5—49　　　　　　　　　对"试点村"的态度

变量	选项	百分比（%）
您认为通过选取"试点村"的方式能否有效地促进农村生态文明建设的工作	能	74.1
	不能	14.6
	说不清	11.3
您认为被选取"试点村"最主要是因为这个村：	经济基础好	52.6
	地理位置好	18.9
	村里人心齐	26.3
	其他	2.2
您觉得村民对自己的村庄被选为"试点村"的态度	高兴	48.2
	无所谓	39.1
	说不清	8.9
	缺省	3.8
您认为当前农村生态文明建设中的"试点村"的带动作用发挥情况怎么样	有很好的带动作用	39.6
	带动作用不太大	49.6
	没带动作用	2.6
	有反带动作用	3.7
	说不清	1.9
	缺省	2.6

续表

变量	选项	百分比（％）
您觉得在具体"试点村"实践中，"四个目标"哪个该优先	发展生产	63.1
	生态良好	17.5
	生活富裕	9.2
	村风文明	6.6
	缺省	3.6
在具体的"试点村"的建设中，现在最容易做到的是哪一步	发展生产	6.9
	生态良好	89.8
	缺省	3.3

（四）对国家政策与实践绩效的认知

由表5—50可知，大部分（62.7％）的被调查对象认为农村生态文明建设要想取得成功，最关键是农民要积极参与。55.8％的人认为现在农村生态文明建设与国家的要求还不太一致。绝大部分人认为目前实践成效还不大，在农村生态文明建设是否能成功问题上，有47.9％的人表示怀疑，25.8％的人表示肯定。对待未来工作，被调查者大多数表示有信心。但是从被调查者的认知可以看出，目前实施的效果和政策之间还是有一定差距的。

表5—50　　　　　　对国家政策与实践绩效的认知

变量	选项	百分比（％）
您觉得农村生态文明建设要想取得实践成功，最关键是	政府要主导	9.3
	农民要积极参与	62.7
	发展农民合作组织	6.9
	中央和上级政策不能变	19.1
	其他	1.1
	缺省	0.9
您觉得您的乡镇农村生态文明建设工作与国家的要求一致吗？	基本不一致	36.5
	不太一致	55.8
	不一致	5.4
	说不清	2.3

续表

变量	选项	百分比（%）
您觉得就目前而言，您的乡镇农村生态文明建设的实践成效如何？	有很大成效	19.3
	成效不大	77.6
	没有成效	2.2
	说不清	0.9
您觉得按照国家有关农村生态文明建设的政策来实施农村生态文明建设能成功吗？	肯定成功	25.8
	不一定	47.9
	难以成功	18.3
	说不清	3.8
	缺省	4.2
对搞好农村生态文明建设有信心吗？	有信心	51.5
	信心不足	43.8
	完全没有信心	2.6
	缺省	2.1

第三节　两地农村生态文明建设社会认知状况的比较

一　对农村生态文明建设举措认知的比较

在针对我国当前提出的农村生态文明建设政策的问题上，由表5—51可以看到试点村和非试点村的受调查村民表现了高度的一致性，认为这项决议意义重大的都超过了两地受调查人数比例七成以上，分别为77.6%和77.1%，认为政策没意义的只分别占4.1%和7.3%。

表5—51　　　　　对我国农村生态文明建设政策的看法

	意义重大		意义一般		没有特别意义		说不清	
	人数	百分比（%）	人数	百分比（%）	人数	百分比（%）	人数	百分比（%）
试点村（n=96）	76	77.6	12	12.2	4	4.1	6	6.1
非试点村（n=98）	74	77.1	10	10.4	7	7.3	5	5.2
总体（n=194）	150	77.3	22	11.3	11	5.7	11	5.7

超过了半数的受调查者认为国家针对农村生态文明建设的政策颁布时机正合时宜，非试点村更是有 72.9% 的人认可政策的颁布时机；试点村有 23.5% 的人觉得决议出台有点晚，非试点村只有 12.5% 的人这样认为；试点村和非试点村各有 2.0% 和 2.1% 的人觉得决议颁布为时过早（见表 5—52）。

表 5—52　　对我国关于农村生态文明建设的政策颁布的看法

	有点晚		正合时宜		为时过早		说不清	
	人数	百分比（%）	人数	百分比（%）	人数	百分比（%）	人数	百分比（%）
试点村（n=96）	23	23.5	52	53.1	2	2.0	21	21.4
非试点村（n=98）	12	12.5	70	72.9	2	2.1	12	12.5
总体（n=194）	35	18.0	122	62.9	4	2.1	33	17.0

试点村村民对农村生态文明建设改变农村脏乱差面貌的信心很足，有 70.8% 的人对此表示充分肯定，48.0% 的非试点村民表示乐观；对此表示怀疑的两地村民比例正好呈相反趋势，分别是 18.8% 和 32.7%；认为农村生态文明建设不能改变农村落后生态面貌的，试点村有 5.2% 的人，而非试点村的比例比试点村高，是 12.2%（见表 5—53）。

表 5—53　　农村生态文明建设能否改变农村脏乱差面貌

	能		也许能		不能		说不清	
	人数	百分比（%）	人数	百分比（%）	人数	百分比（%）	人数	百分比（%）
试点村（n=96）	68	70.8	18	18.8	5	5.2	5	5.2
非试点村（n=98）	47	48.0	32	32.7	12	12.2	7	7.1
总体（n=194）	115	59.3	50	25.8	17	8.7	12	6.2

表示赞同和完全赞同国家对农村生态文明建设举措的两地村民都超过了受调查者的 90% 以上，而表示不赞同的比例则很小，非试点村更是无受调查者反对（见表 5—54）。

表5—54　　　　　　　是否赞同国家建设农村生态文明的举措

	完全赞同		赞同		不太赞同		说不清	
	人数	百分比（%）	人数	百分比（%）	人数	百分比（%）	人数	百分比（%）
试点村（n=96）	62	64.1	29	30.6	2	2.2	3	3.1
非试点村（n=98）	42	42.8	53	54.1	0	0	3	3.1
总体（n=194）	104	53.6	82	42.3	2	1.0	6	3.1

从调查可知，人们希望国家的农村生态文明建设能够长久持续下去，对此的支持者在试点村比例为88.5%，非试点村为87.8%（见表5—55）。

表5—55　　　　　　　是否希望我国农村生态文明建设长久推进下去

	希望		不太希望		不希望		说不清	
	人数	百分比（%）	人数	百分比（%）	人数	百分比（%）	人数	百分比（%）
试点村（n=96）	85	88.5	2	2.1	2	2.1	7	7.3
非试点村（n=98）	86	87.8	2	2.0	5	5.1	5	5.1
总体（n=194）	171	88.1	4	2.1	7	3.6	12	6.2

试点村村民中的65.6%认为国家的农村生态文明建设政策一定能够长期执行，非试点村有54.1%的人也这样认为。相对而言，试点村对这项政策的担心程度较小，"有点担心"的是12.5%，"很担心"的是7.3%，但是，非试点村"有点担心"和"很担心"的比例则相对较高，分别是29.6%和9.2%（见表5—56）。

表5—56　　　　　认为国家的农村生态文明建设政策能否长期执行

	一定能够		有点担心		很担心		说不清	
	人数	百分比（%）	人数	百分比（%）	人数	百分比（%）	人数	百分比（%）
试点村（n=96）	63	65.6	12	12.5	7	7.3	14	14.6
非试点村（n=98）	53	54.1	29	29.6	9	9.2	7	7.1
总体（n=194）	116	59.8	41	21.1	16	8.3	21	10.8

二 对农村生态文明建设目标及内容认知的比较

（一）对总目标的认知

对于国家提出农村生态文明建设的总目标，试点村认为"很全面"和"比较全面"的人分别占35.4%和51.0%，认为"不太全面"的有6.3%；非试点村只有9.2%的人认为"很全面"，37.8%的人认为"比较全面"，认为"不太全面"的比例达到了36.7%（见表5—57）。

表5—57 认为农村生态文明建设"生产发展、生态良好、生活富裕、村风文明"的目标是否全面

	很全面		比较全面		不太全面		说不清	
	人数	百分比（%）	人数	百分比（%）	人数	百分比（%）	人数	百分比（%）
试点村（n=96）	34	35.4	49	51.0	6	6.3	7	7.3
非试点村（n=98）	9	9.2	37	37.8	36	36.7	16	16.3
总体（n=194）	43	22.2	86	44.3	42	21.6	23	11.9

相比而言，非试点村村民对四大分目标中的"生产发展"更为关注，选此项的占59.2%，试点村这一比例是38.5%；试点村村民认为"生活富裕"和"村风文明"是最重要目标的较高，为33.3%和24.0%（见表5—58）。

表5—58 认为上述目标中哪个最为重要

	生产发展		生态良好		生活富裕		村风文明	
	人数	百分比（%）	人数	百分比（%）	人数	百分比（%）	人数	百分比（%）
试点村（n=96）	37	38.5	4	4.2	32	33.3	23	24.0
非试点村（n=98）	58	59.2	5	5.1	23	23.5	12	12.2
总体（n=194）	95	49.0	9	4.6	55	28.4	35	18.0

（二）对分目标的认知

在"生产发展"最关键因素的问题认知上，认为资金投入最为重要的试点村和非试点村的比例分别为 32.3% 和 34.7%；认为生态产业培育是最关键的比例分别是 22.9% 和 25.5%；认为提高农民素质最为关键的比例是 39.6% 和 31.6%（见表 5—59）。相对而言，试点村更多关注提高农民素质的重要性，而非试点村则把资金投入看作生产发展中最关键的因素。

表 5—59 觉得"生产发展"的关键是

	资金投入		生态产业培育		提高农民素质		说不清	
	人数	百分比（%）	人数	百分比（%）	人数	百分比（%）	人数	百分比（%）
试点村（n＝96）	31	32.3	22	22.9	38	39.6	5	5.2
非试点村（n＝98）	34	34.7	25	25.5	31	31.6	8	8.2
总体（n＝194）	65	33.5	47	24.2	69	35.6	13	6.7

在谈到"生态良好"主要依靠哪些因素时，试点村和非试点村分别有 38.5% 和 40.8% 的村民认为统一的村庄规划占主要，比例大体相近；在"提高农民素质"这一选项上，试点村有 52.1% 的人认为这是主要依靠，而非试点村对此项的选择为 25.5%；非试点村村民把资金投入当作"生态良好"主要依靠的比例最高，占 31.6%，试点村则只有 7.3% 的人认为资金投入在此处最重要（见表 5—60）。

表 5—60 觉得"生态良好"主要依靠

	统一规划		提高农民素质		资金投入		说不清	
	人数	百分比（%）	人数	百分比（%）	人数	百分比（%）	人数	百分比（%）
试点村（n＝96）	37	38.5	50	52.1	7	7.3	2	2.1
非试点村（n＝98）	40	40.8	25	25.5	31	31.6	2	2.1
总体（n＝194）	77	39.7	75	38.7	38	19.6	4	2.0

在关于"生活富裕"主要体现的认知上，试点村认为"收入提高"和"生、老、病、死、住、吃不用愁"最为重要，选择比例分别是

54.2%和38.2%；非试点村分别为52.0%和35.7%，两地的认知较为一致（见表5—61）。

表5—61　　　　　　　　觉得"生活富裕"主要体现在

	收入提高		心里感觉		生、老、病、死、住、吃不用愁		说不清	
	人数	百分比（％）	人数	百分比（％）	人数	百分比（％）	人数	百分比（％）
试点村（n＝96）	52	54.2	3	3.5	37	38.2	4	4.1
非试点村（n＝98）	51	52.0	7	7.2	35	35.7	5	5.1
总体（n＝194）	103	53.1	10	5.2	72	37.1	9	4.6

两地调查点村民对于"村风文明"的重要性认知也较为统一，超过80%的人都认为"村风文明"在农村生态文明建设中一定要大力建设，其中试点村的比例占85.7%（见表5—62）。

表5—62　　　　　觉得现在农村"村风文明"是否要大力建设

	一定要		不一定要		不需要		说不清	
	人数	百分比（％）	人数	百分比（％）	人数	百分比（％）	人数	百分比（％）
试点村（n＝96）	84	85.7	6	6.1	4	4.1	4	4.1
非试点村（n＝98）	81	84.4	8	8.3	3	3.1	4	4.2
总体（n＝194）	165	85.1	14	7.2	7	3.6	8	4.1

三　对农村生态文明建设实践认知的比较

（一）对实践中困难的认知

试点村村民认为农村生态文明建设按国家要求去做"很困难"和"困难"的分别占11.5%和27.1%，非试点村村民更高，分别达到了31.6%和48.0%；认为"不太困难的"试点村更高，占55.2%，非试点村则为15.3%（见表5—63）。

表5—63　　觉得在具体实践中按国家农村生态文明建设的要求去做是否困难

	很困难		困难		不太困难		说不清	
	人数	百分比（%）	人数	百分比（%）	人数	百分比（%）	人数	百分比（%）
试点村（n=96）	11	11.5	26	27.1	53	55.2	6	6.2
非试点村（n=98）	31	31.6	47	48.0	15	15.3	5	5.1
总体（n=194）	42	21.6	73	37.6	68	35.1	11	5.7

　　试点村有30.2%的人觉得上述的困难来自"农民想法与政府做法不一致"，非试点村有16.3%人选择该项。试点村认为农村生态文明建设目标要求与现实差距造成农村生态文明建设实践按国家要求实现比较困难的比例是17.7%，非试点村较高，所占比例是31.6%。有52.1%的试点村村民将困难的原因归结在前面所述的两种原因结合上，52.1%的非试点村村民做出了此类选择（见表5—64）。

表5—64　　　　　　　　困难的主要原因

	农民想法与政府做法不一致		建设目标要求与现实的差距		前两种情况都有	
	人数	百分比（%）	人数	百分比（%）	人数	百分比（%）
试点村（n=96）	29	30.2	17	17.7	50	52.1
非试点村（n=98）	16	16.3	31	31.6	51	52.1
总体（n=194）	45	23.2	48	24.7	101	52.1

　　受调查村民中，认为按中央的政策去推动农村生态文明建设，具体实践中，最大的困难在于资金缺乏的，试点村人数比例是27.1%，非试点村是33.7%。认为最大困难是农民积极性不高的，试点村比例是23.0%，非试点村是19.4%。认为政府包办太多造成困难的比例，非试点村是26.5%，高于试点村（24.0%）。以上面检查太严作为最大困难的，两地加在一起只有5人（见表5—65）。

表 5—65　　　　　　按中央的政策在具体实践中最大的困难

	缺乏资金		农民积极性不高		政府包办太多		上面考核验收太严		说不清	
	人数	百分比（%）	人数	百分比（%）	人数	百分比（%）	人数	百分比（%）	人数	百分比（%）
试点村（n=96）	26	27.1	22	23.0	23	24.0	3	3.1	18	18.8
非试点村（n=98）	33	33.7	19	19.4	26	26.5	2	2.0	22	22.4
总体（n=194）	59	30.4	41	21.1	49	25.3	5	2.6	40	20.6

（二）对政府责任认知

从表 5—66 可以看出，认为乡镇政府是农村生态文明建设中应承担最大责任的试点村村民高达 61.5%，而非试点村只有 35.7%。认为县级政府责任最大的比例，两地分别是 21.9%、25.5%，比较相近。认为省级政府应当担负最大责任的试点村只有 3.1%，非试点村则有 21.4%。把中央政府看作最大责任体的两地村民分别为 13.5% 和 17.4%。

表 5—66　　　　　在农村生态文明建设中哪级政府责任最大

	乡镇政府		县级政府		省级政府		中央政府	
	人数	百分比（%）	人数	百分比（%）	人数	百分比（%）	人数	百分比（%）
试点村（n=96）	59	61.5	21	21.9	3	3.1	13	13.5
非试点村（n=98）	35	35.7	25	25.5	21	21.4	17	17.4
总体（n=194）	94	48.4	46	23.7	24	12.4	30	15.5

试点村受调查者中的 85.4% 认为基层政府在农村生态文明建设中作用很大，而认为其作用不太大或不大的只分别占 8.3% 和 4.2%。非试点村只有 38.8% 的人认为基层政府在农村生态文明建设中有很大作用，41.8% 和 15.3% 的非试点村村民认为它们的作用不太大或者不大（见表 5—67）。

表5—67　　　　　基层政府在农村生态文明建设中的作用

	很大		不太大		不大		说不清	
	人数	百分比（%）	人数	百分比（%）	人数	百分比（%）	人数	百分比（%）
试点村（n=96）	82	85.4	8	8.3	4	4.2	2	2.1
非试点村（n=98）	38	38.8	41	41.8	15	15.3	4	4.1
总体（n=194）	120	61.8	49	25.3	19	9.8	6	3.1

44.8%的试点村村民觉得基层政府在农村生态文明建设中所做的工作太多了，赞同这一看法的非试点村村民比例相对较小，只有31.6%。18.8%的试点村村民认为政府的工作做得恰到好处，非试点村这样看法的比例是12.2%。试点村觉得政府在此处工作做得太少，比例为26.0%，而非试点村有43.9%的人这样认为，比例较高（见表5—68）。

表5—68　　　　　基层政府在农村生态文明建设中所做事情

	太多了		不多不少		太少了		说不清	
	人数	百分比（%）	人数	百分比（%）	人数	百分比（%）	人数	百分比（%）
试点村（n=96）	43	44.8	18	18.8	25	26.0	10	10.4
非试点村（n=98）	31	31.6	12	12.2	43	43.9	12	12.3
总体（n=194）	74	38.1	30	15.5	68	35.1	22	11.3

（三）对建设主体认知

表5—69反映出在农村生态文明建设主体的认知上，试点村村民的41.7%认为是政府，7.3%认为是农民，1.0%认为是民间组织，50.0%认为主体应当是三者结合。非试点村村民中有41.3%的人觉得政府是主体，23.2%的人认为农民是主体，4.3%的人认为是民间组织，31.2%的人回答是三者结合。

表5—69　　　　　　　　农村生态文明建设的主体

	政府		农民		民间组织		三者结合	
	人数	百分比（％）	人数	百分比（％）	人数	百分比（％）	人数	百分比（％）
试点村（n＝96）	40	41.7	7	7.3	1	1.0	48	50.0
非试点村（n＝98）	40	41.3	23	23.2	4	4.3	31	31.2
总体（n＝194）	80	41.2	30	15.5	5	2.6	79	40.7

（四）对农民合作组织认知

对于在具体实践中有没有必要成立农民合作组织的问题，两地的认知程度相对一致，试点村有68.8％的人认为很有必要，非试点村更是有高达79.6％的人觉得很有必要。认为没有必要成立农民合作组织的村民，在试点村所占比例略高是27.1％，非试点村为15.3％（见表5—70）。

表5—70　　　　　在具体实践中有没有必要成立农民合作组织

	很有必要		不一定要		不需要	
	人数	百分比（％）	人数	百分比（％）	人数	百分比（％）
试点村（n＝96）	66	68.8	26	27.1	4	4.2
非试点村（n＝98）	78	79.6	15	15.3	5	5.1
总体（n＝194）	144	74.2	41	21.1	9	4.7

在农村生态文明建设中农民组织成立主要取决力量的认知的多项选择中，试点村将"政府引导"和"农民参与意愿"放在前两位，分别有81.3％和59.4％的村民选择了它们。"外部资金扶持"排第三，选择的比例是28.1％。"农民中的领头人物"占21.9％。非试点村以"农民参与意愿"选择比例最高61.2％，其后依次为"政府引导""外部资金扶持""农民中的领头人物"，比例分别是59.2％、57.1％和48.0％（见表5—71）。

表5—71　　　农村生态文明建设中农民合作组织建立的主要取决力量

	农民参与意愿		政府引导		农民中的领头人物		外部资金扶持	
	人数	百分比（%）	人数	百分比（%）	人数	百分比（%）	人数	百分比（%）
试点村（n=96）	57	59.4	78	81.3	21	21.9	27	28.1
非试点村（n=98）	60	61.2	58	59.2	47	48.0	56	57.1
总体（n=194）	117	60.3	136	70.1	68	35.1	83	42.8

（五）对试点村的态度

试点村和非试点村村民都认为当前试点村的生态文明建设有带动作用，比例分别达到53.1%和66.3%。认为试点村带动作用不大的也有相当大比例，其中试点村占41.7%，非试点村占25.5%。认为试点村没有起到带动作用的村民，试点村占4.2%，非试点村为7.2%。另外，两村各有1人觉得试点村的选择反而会引发新的问题（见表5—72）。

表5—72　　　　　认为当前的试点村能否起到带动作用

	有带动作用		带动作用不大		没有带动作用		反而引发新问题	
	人数	百分比（%）	人数	百分比（%）	人数	百分比（%）	人数	百分比（%）
试点村（n=96）	51	53.1	40	41.7	4	4.2	1	1.0
非试点村（n=98）	65	66.3	25	25.5	7	7.2	1	1.0
总体（n=194）	116	59.8	65	33.5	11	5.7	2	1.0

通过调查可知，希望或比较希望自己所在村能成为农村生态文明试点村的人占了绝大多数，试点村的比例高达96.9%。非试点村虽然相对较低，但也达到了81.6%。真正表示不希望的，试点村人数是0，非试点村仅有4人（见表5—73）。

表 5—73 是否希望本村成为试点村

	希望		比较希望		不希望		说不清	
	人数	百分比（%）	人数	百分比（%）	人数	百分比（%）	人数	百分比（%）
试点村（n=96）	42	43.8	51	53.1	0	0	3	3.1
非试点村（n=98）	37	37.7	43	43.9	4	4.1	14	14.3
总体（n=194）	79	40.7	94	48.4	4	2.1	17	8.8

　　试点村村民认为试点村未能起到带动效应的主要原因是试点村缺乏普遍性，其次是政府缺乏宣传造成的，再者就是其他村民的"等、靠、要"思想过于严重，这三个原因的比例分别是54.2%、23.9%和21.9%。非试点村在同样问题上，对给出的三个答案选择的比例依次是46.9%、11.2%和41.9%（见表5—74）。

表 5—74 认为试点村未起带动作用的原因认知

	只是个案，缺乏普遍性		其他村民无所谓，等、靠、要思想严重		政府缺乏宣传	
	人数	百分比（%）	人数	百分比（%）	人数	百分比（%）
试点村（n=96）	52	54.2	21	21.9	23	23.9
非试点村（n=98）	46	46.9	41	41.9	11	11.2
总体（n=194）	98	50.5	62	32.0	34	17.5

　　所有的受调查者都认为在具体的"试点村"实践中应当以"生产发展"作为优先实施的工作目标，非试点村在这点的选择比例最高为67.3%，试点村为51.1%。在"生态良好"这个选项上，试点村的选择比例是12.5%，非试点村只占8.2%。有20.8%的试点村村民选择应当以"生活富裕"作为优先目标，非试点村则有15.3%。试点村将"村风文明"作为优先选择的人数比例是15.6%，非试点村只有9.2%的人这样认为（见表5—75）。

表5—75　　　　　在具体的"试点村"实践中，"四个目标"应以哪个为优先

	生产发展		生态良好		生活富裕		村风文明	
	人数	百分比（％）	人数	百分比（％）	人数	百分比（％）	人数	百分比（％）
试点村（n＝96）	49	51.1	12	12.5	20	20.8	15	15.6
非试点村（n＝98）	66	67.3	8	8.2	15	15.3	9	9.2
总体（n＝194）	115	59.3	20	10.3	35	18.0	24	12.4

但是在问及当前的"试点村"是以什么作为优先目标的，试点村有45.8％的人回答是"生产发展"，24.0％的人认为是"生态良好"，13.5％的人回答是"生活富裕"，16.7％的人回答是"村风文明"。非试点村也有49.0％的人选择了"生产发展"，但认为"生态良好"先行一步的比例比试点村高，达到36.7％，认为"生活富裕"放在工作最先的仅有2.0％，觉得目前以"村风文明"为优先工作的是12.3％（见表5—76）。

表5—76　　　　　　　"试点村"建设中最先做的是哪一步

	生产发展		生态良好		生活富裕		村风文明	
	人数	百分比（％）	人数	百分比（％）	人数	百分比（％）	人数	百分比（％）
试点村（n＝96）	44	45.8	23	24.0	13	13.5	16	16.7
非试点村（n＝98）	48	49.0	36	36.7	2	2.0	12	12.3
总体（n＝194）	92	47.4	59	30.4	15	7.7	28	14.5

四　对国家政策与实践绩效认知的比较

在对国家农村生态文明建设政策和实践绩效的认知（多项选择）中，试点村认为政府主导是农村生态文明建设实践成功最关键因素的村民有82.3％，非试点村也有74.8％的人这样认为。把农民积极参与当作最关键因素的，试点村有76.2％的村民，非试点村比例相比较小，为52.7％。

试点村有 26.3% 的村民把发展农民合作组织看作是农村生态文明建设实践成功最关键的因素，非试点村同意这一答案的比例小些，是 19.2%。另有 33.5% 的试点村村民选择了政策不能变作为他们心中的最关键因素，非试点村也有 31.4% 的选择了此项（见表 5—77）。

表 5—77　农村生态文明建设取得实践成功的最关键因素 （多项选择）

	政府要主导		农民要积极参与		发展农民合作组织		政策不能变	
	人数	百分比（%）	人数	百分比（%）	人数	百分比（%）	人数	百分比（%）
试点村 （n = 96）	79	82.3	73	76.2	25	26.3	32	33.5
非试点村 （n = 98）	73	74.8	52	52.7	19	19.2	30	31.4
总体 （n = 194）	152	78.4	125	64.4	44	22.7	62	32.0

试点村村民认为目前基层农村生态文明建设实践与国家要求一致的比例最高，达到了 68.1%，非试点村只有 18.8%。认为二者不太一致或不一致的试点村分别是 15.6% 和 2.2%，非试点村分别高达 49.6% 和 24.5%（见表 5—78）。

表 5—78　　目前基层农村生态文明建设的实践与国家政策要求是否一致

	一致		不太一致		不一致		说不清	
	人数	百分比（%）	人数	百分比（%）	人数	百分比（%）	人数	百分比（%）
试点村 （n = 96）	65	68.1	15	15.6	2	2.2	14	14.6
非试点村 （n = 98）	18	18.8	49	49.6	24	24.5	7	7.1
总体 （n = 194）	83	43.8	64	32.6	26	13.4	21	10.3

对目前已经进行的农村生态文明建设成效的认知上，试点村村民觉得有很大成效的占 50.0%，而非试点村只有 17.4% 的人觉得有很大成效。

相反，认为成效不大的非试点村比例更高，有 75.5%，试点村则更低，比例是 38.5%（见表 5—79）。

表 5—79　　　　目前农村生态文明建设实践是否有成效

	有很大成效		成效不大		没有成效		说不清	
	人数	百分比（%）	人数	百分比（%）	人数	百分比（%）	人数	百分比（%）
试点村（n=96）	48	50.0	37	38.5	4	4.2	7	7.3
非试点村（n=98）	17	17.4	74	75.5	0	0	7	7.1
总体（n=194）	65	33.5	111	57.2	4	2.1	14	7.2

认为按国家相关政策要求，农村生态文明建设肯定成功的试点村为 78.6%，非试点村为 46.8%；认为不一定成功的非试点村为 38.6%，试点村为 9.3%；认为成功不了的村民不多，但非试点村所占的比例较高（见表 5—80）。

表 5—80　　　　按国家相关政策的要求农村生态文明建设是否能够成功

	肯定成功		不一定		成功不了		说不清	
	人数	百分比（%）	人数	百分比（%）	人数	百分比（%）	人数	百分比（%）
试点村（n=96）	75	78.6	9	9.3	2	1.9	10	10.2
非试点村（n=98）	46	46.8	38	38.6	6	6.4	8	8.2
总体（n=194）	121	62.4	47	24.2	8	4.1	18	9.3

试点村村民对搞好农村生态文明建设的信心最高，达到了 89.6%，非试点村这一比例是 70.4%。回答信心不足的试点村村民的比例为 9.4%，非试点村则为 17.4%。对农村生态文明建设的成功没信心的村民并不多，但多集中在非试点村（见表 5—81）。

表 5—81 　　　　　　　　　对搞好农村生态文明建设的信心

	有信心		信心不足		没有		说不清	
	人数	百分比（%）	人数	百分比（%）	人数	百分比（%）	人数	百分比（%）
试点村（n＝96）	86	89.6	9	9.4	0	0	1	1.0
非试点村（n＝98）	69	70.4	17	17.4	6	6.1	6	6.1
总体（n＝194）	155	79.9	26	13.4	6	3.1	7	3.6

第 六 章

农村生态文明建设实践机制状况

第一节　D 村生态文明建设实践机制状况

本章关于农村生态文明建设的实践机制状况主要来自江西省 WZ 县的农村生态文明建设试点村 D 村和非试点 B 村，皆为自然村。通过采用访谈、参与式观察和文献等具体调查方法，对两个调查点农村生态文明建设的实践机制状况（怎么做）进行描述，并对实践中的农民、政府、村民理事会等参与各方对各自利益的关切心态进行分析研究。

一　D 村概况

D 村是江西省 WZ 县的自然村，也是美丽乡村试点村。该村位于县城往北 12.5 公里处，林木资源丰富，林地面积为 3780 亩，主要以木、竹为主。全村共 181 户，704 人，从性别分布看，全村有男性 360 人，女性 344 人；耕地面积 1550 亩，人均耕地面积 2.2 亩。人均年收入近两万元。村内有汽车修理厂、木材加工厂、硅石英砂厂、电杆厂、铅笔厂、酒厂和榨油厂等企业。主要农产品有葡萄、山药、烟叶和苹果等。村内资源有黄玉、锌、铁钒土、铁等。党员有 36 人，团员有 52 人。从年龄分布看，学龄前的 72 人，其中，男性 37，女性 35；6—18 岁的 210 人，其中，男性 102 人，女性 108 人；19—60 岁的 318 人，其中男性 173 人，女性 145 人；60 岁以上的 73 人，其中，男性 32 人，女性 41 人；80 岁以上的 31 人，其中，男性 17 人，女性 14 人。从家庭构成看，独生子女家庭有 2 户（均已办理独生子女证），双女孩家庭 2 户，其他 177 户；从入学情况看：正在上学的有 93 人，其中，上幼儿园到高中的 82 人，上大学 11 人；

从工作情况看，有 7 人在本村以外单位工作，纯务工有 75 人，纯务农有 150 人。

二　农村生态文明建设实践机制状况

（一）选点

县里决定搞农村生态文明建设的时候，要求从各个乡镇选择若干自然村作为试点，因名额有限，D 村所在的镇仅分到一个指标。经过县人大、农机局、土地局、交通局等单位组织相关人员进行讨论，最后决定把点定在 D 村，D 村成为所属镇第一个也是目前为止唯一的农村生态文明建设（即美丽乡村）试点村。按照当地基层领导①的说法，"因为全镇只有一个点，别处还是考虑了几处，但看完之后，条件都不如 D 村，人家投资到那里，效果不明显。因此把点直接定到 D 村"。也就是说，"选哪个村作为试点村是要看条件的，拨下资金建设的项目要能取得明显的效果才行"。

选择 D 村作为试点村的原因有：一是该村距离县城比较近，可以依托县城相关产业改善农民的生产结构；二是该村的傩舞文化具有鲜明的当地特色，有一定的文化底蕴；三是村庄四面环山、植被丰茂，具有良好的生态环境和优美的自然风光；四是村民的思想素质相对较高，参与农村生态文明建设的积极性较高；五是该村基础条件好，农村生态文明建设容易见成效。

至于没有选择 B 村作为试点村，一位负责农村生态文明建设的相关领导给出的解释是，"要从这么多个自然村当中选一个，从 B 村的情况看，第一，没有地方文化特点；第二，群众本身的素质跟不上；第三，资源缺乏。也就是基本条件不好，干部、群众的思想素质不够。因为不管干什么事，基本条件必须达到，干部、群众思想素质很关键。如果基本条件不好，虽然有项目、有好事情，把这个项目落在这个地方，也会出现问题。至于干部和群众的思想素质，作为干部来讲，首先，最起码对上面来的政策要能够理解；其次，他认为，这是个好事情，要把好政策贯彻给老百姓，必须要有这个素质。作为群众来讲，群众起码要认得

---

①　调查时已经对调查对象进行承诺，不公开其身份。

这个事，作为老百姓也要认为这是个好事情，要从思想上支持，从行动上也要支持，该出工出力的也要出"。而我们在访谈 B 村村民的时候，也询问了他们相同的问题，归结起来，他们认为 B 村没被选择为试点村的原因主要是太穷、村里人心不齐、上面没有关系，而 D 村被选为试点恰恰是因为该村基础条件好、地理位置好、上面有关系。

（二）具体实践

D 村在农村生态文明建设中的具体做法：

一是美化乡村。主要涉及修路、建公房、建公厕、建垃圾池、粉刷墙壁等。访谈对象 NXQ 说："因为现在村子都没有钱，美化乡村相当于搞道路文化。道路文化搞完之后，有条件的村子可以盖点文化活动室，也就是公房，这在农村相当实用，遇到红白喜事，来的人都到公房去，就有地方了，不像以前，你家凑板凳，我家凑桌子。现在村上锅碗瓢盆全部凑齐，哪家要办事，跟小组上说一声，象征性地交点费，这就解决了婚、丧、嫁、娶的事情。另外就是厕所。我们原来的厕所是东一个西一个，很简陋，有些人不小心酒喝多了，会掉下去。"

二是扶持生产生活方面的发展。主要涉及的项目有：①修建水池，安装自来水，解决人畜饮水困难的问题；②在县级有关单位的帮助下发展硅石英砂厂、电杆厂、铅笔厂、酒厂、木材加工厂和榨油厂，扶持生产发展；③扶持村民发展养殖业，主要是养殖猪和土杂鸡；④修乡村生态旅游公路（见重点事件描述）。

最后，政府出台了严格的考核制度。当地政府制定了十分严格的农村生态文明建设考核制度。D 村所在的县政府将"生产发展，生态良好，生活富裕，村风文明"四大目标细化成多项考核评价指标，确立了标准值和权数，让各个地方先对自己的农村生态文明建设工作进行自我评定，然后再由县政府对工作进行全面考核、量化打分，最终评选出优秀单位。各社区和村社也相应地按照上级要求制定出了自己的一套细致的考核评价指标体系，对本地方的农村生态文明建设工作进行了量化自评自测。

（三）重点事件描述——村干部谈修建乡村生态旅游公路

D 村是省的美丽乡村试点村，革命战争年代曾属于湘鄂赣革命根据地的一部分，红色文化资源丰富，还有当地流传已久的傩舞文化，加上四面环山，植被丰茂，具有良好的生态环境和优美的自然风光，非常适合发展乡村生态旅游。要想富，先修路，修建乡村生态旅游公路的规划就这样提出上了议事日程。

2014年8月14日，县财政局Y局长一行在村干部的陪同下来到D村进行巡视，通过现场办公，对乡村生态旅游公路建设工作提出了相应的指导性意见，并初步安排落实所需资金。在乡村生态旅游公路修建中，乡镇领导坚持政府扶持、村民参与、资金共担的原则，公路路基的垫层由村里负担铺设夯实，路面硬化部分则由政府出资。经过讨论对该工程项目达成一些基本意见，主要包括：①乡村生态旅游公路硬化标准：公路由主干道、环村道和村中小路构成，其中规划主干道长300米、宽3.5米，环村道1000米，村前环道宽3米，村后环道宽2米，村中小路宽1米。②明确工程中村民与政府的帮扶责任。硬化路面资金由市财政局给予支持，路基宽度不够的由村里负责加宽，主路的土石方基础工作由村里负责，并完成路基垫层的铺筑，要求路基工程必须在40天内完成，即9月24日前完成。③村前的水塘淤泥清理工作由村里负责；护坡工程款由市财政局援助。镇党委G委员主抓这个村里的工作，主要负责指导村里的各项工作，组织上报一些相关的材料。

根据这个安排，村里要负担路基铺设以及水塘的清淤工作。根据初步预算，这两项共需要资金约4万元。这些钱从哪里来？因为村里历来没有多少集体企业，也没有集体基金。为了筹措项目建设资金，村理事长等人根据实际情况，组织召集了村民骨干成员开会，就这个问题进行了讨论。在会上大家认真分析了村里的实情和当前村民的心态。大多数村民对上头有资金援助表示高兴，对村里搞生态环境整治也支持，但如果要向村民集资的话，大多数人都是不高兴、不愿意的，也是行不通的。所以经过讨论，乡村生态旅游公路项目建设暂时不向村民进行直接的集资，而决定将村里的一处山庄，大概1000棵杉树进行竞标出卖，后来在村民大会上得到通过，并获得了19000元的现金收入。

有了这笔钱以后，村里组织了人力对村里的主干道拓宽进行规划，同时找来运输车，与车主谈好了运输铺筑路基石料的相关事宜。修筑路基的工作正式开始后，大多数村民的干劲十足、一呼百应，甚至自发出工，只用几天时间，300米长的主道拓宽工作已基本完成。路基修整之后，铺设基石工程用人工去做，难度较大，环村路的村后段没有路型，所以引进了机械施工，请来铲车对环村道进行路基整理工作。村里与包工头双方就下一步的工作进行了谈判，订立了工程合同。村里提出了质量要求、规格、价格、付款方式等，并且每天都派人对施工进行监督，直至完工。在此期间县财政局也曾派了一名干部，对村里的路基铺设工作的进度、质量等进行了检查，对 D 村的工作给予了肯定，并为下一步工作提出意见。镇党委书记也亲自到村里来指导村民组织环村道的基础工程建设，筹划对村道进行硬化等问题。接下来，在挂点领导 G 委员的协助下对环村道建设做好了预算。在乡镇主要领导的帮助下，寻找到施工队，并与施工老板签订了施工合同。后来，县财政局 Y 局长又一次来到本村指导工作。考虑到修筑护坡要用大型车辆运输建筑材料，如果先修路会对路面损坏严重，决定在村道硬化前先对村前的水塘进行护坡，经过一个月时间，靠近村庄内侧一条长 220 米的护坡基本完工。之后，环村道的路面硬化工作也随即开工。两项工作都是由专业施工队干，村干部主要是负责各项工作协调与工程质量的监督。在施工过程中，发生了两件事：一是由于水泥路标号不够，与承包方多次磋商，要求改进，G委员在得知情况后亲自过问，最后基本达到要求。二是镇党委 X 书记亲临施工场地察看，村前路开工浇筑，与施工队因为钢模高度发生争执，认为路面不足 18 厘米厚度。为现浇钢模厚度的事，镇党委 G 委员、村支委书记都到了现场进行交涉，事后得到改进。经过几个月工作，到 12 月 26 日，村里村道的部分硬化工程基本完工。各项资金都是市财政局下拨到镇，由镇政府按合同约定支付给包工头。经过了县财政局的帮扶取得了明显成效，整个村里的大的环境开始大为改观。铺设环村水泥路共1000 余米，建村前港护坡 210 余米。

村中小路是本村村民 GX 承包的，村民 GX 说："按规定村内小路建设宽 1 米，厚度 10 厘米，建筑承包价格是 240 元/立方米计算。这个路是我承包的。我自己买砂石料、水泥，请帮工来做的，总共花了 9 天时间，工程结算共有两万多元钱。另外，我们还承包了村子房屋的外粉刷，成本工资每平方米 3 元，基本上是我与村中的三个人共同承包下来的，外墙粉刷是用胶水和涂料做的，前后花了一个多月的时间，结算了有 15249元。两项共有 3.6 万多元，这些要自己开税票完税，税率是 6.7%。这两项工程都是议标，没有进行招投标。当时发标时，就定好如果村里有人承包，要先让本村人包，如果本村人没有人承包就到外村找人来包。基本上是先在村理事会成员商量，再到村民大会上进行表决，如果有不同的意见在村民中进行商议。当时村里还有其他村民也想承包，但是村道建设承包人要自己先投资。因为这个要两万多块钱做本钱，但他自己没有钱投资，就想转包给别人来做。当时我坚决不同意，但是如果是说他自己做，我就让给他做，最后他没有做，所以我就做了。因为自己做质量会好一些，如果是外村的人来承包可能质量会差些。当时也要签合同，我和村民 CRL 作为承包方与村里签了合同。村道修建过程中，村理事会成员进行了监督，几乎是全部的理事会成员，在修路过程中村委会也有干部下来监督。整个完工后要经过村理事会和村民验收后再付款。"

某村干部说："整体上看，乡村生态旅游公路工程项目还是比较顺利。但在这些工作中也遇到了很多的困难，也有很多的问题。这些都与村民在倡议书上的约定是完全相悖的。对于村民而言，当个人利益与集体利益发生冲突时，村民想到的往往是个人的利益。这也是我在村民会上批评少数人的一句话。然而，无论你是如何去批评、去教育、去劝导，但要改变他们多年来形成的这种自私自利的观念，实在是非常非常难。作为村级集体要办成一件事，确实是很难，通常情况下都是集体给私人作出让步，要不然他就会死死地纠缠着上前办事的人不放，直到达到目的为止。如修路加宽路基时，有人提出修路占用农田时土地的调整问题。经过商定，修路占用地由村里统一调整，在调整前每年给予一定的补偿，标准为：水稻每亩补 800 元，棉花每亩补 1000 元，按面积折算。然而，个别农户，尽管有上述补偿保证，但仍不顾集体利益，路边 50 厘米的护坡都不肯作出让步，甚至村里已经派人做好的护坡都被铲下来，导致风景树木无法栽下去，至今仍是一个相当的缺憾。"

环村道规划确定之后，而在实际铺设过程中也是阻力重重，而这个矛盾首先是在村骨干班子成员内部出现。KLF 家房屋在环村道边上，村道要占他的地，而不远处又有几棵他家的橘树，所以定这个路基线时挪远了不行，挪近也不行，他与几位负责放线的人员争得不可开交。当路基经过另一农户的房屋边时，这位村民就是不让，有人提出只有改道，而改道要弯到后边的山上，增加建设成本不说，而道路离村庄又远了很多，对游客和村民来说也不方便。没有办法，最后经过反复的工作，对拆除的房屋进行经济补偿。同样，当路修到一农户房屋边，因为移栽了他家两棵小橘树苗而至今耿耿于怀，甚至说出十分不文明的语言。殊不知，这条干净宽大的水泥路从他家的房子边经过时会给他带来了多大的方便，可以说是终身受益。另一户村民堆放了一些旧砖在路边。当铺筑路基的车子经过时，因为铲车过宽，轧碎了几块砖，遂大声叫骂，硬说是指挥车子的村干部故意轧碎他的砖，并扬言阻止工程车经过，村里只有进行赔偿。

在合同签订时村里必须作为甲方，是道路硬化工程的发包人，在工程完工后，承包者作为乙方直接与作为出资方的镇政府丙方结账。这种承包模式给村里在质量的监督方面造成许多的困难。比如在路面浇筑时，村民监工员发现了筑路存在质量问题，与施工工人进行交涉，施工方表面上满口答应进行整改，但在施工中却是外甥打灯笼——照旧（舅），甚至参与施工的工人向监工村民说，包工老板不向你们村里要钱，你管有什么用。当我们向镇领导汇报有关道路修建质量问题，请求领导出面对老板进行强调，领导们的态度非常鲜明，质量是大计，你们一定要把好质量关。试想，在村里没有付款权的情况下，要村民如何去把好质量关。

在这期间，村民的行为表现各不相同，各种各样的烦人事也是时有发生，村民中有一心一意为村里办事的人，对村里的每一项具体的工作，有的人支持，有的人反对，有的人麻木不仁对村里的各种事务不管不问，作为村里的理事长、村组长来说更多的是无奈。村民的品质问题对村里项目建设的顺利进行会产生一定的阻碍是必然的事。有一次一个监工的村民从搅拌场上往家里扛了半袋水泥，当时成了一件非常尴尬的事情。后来村里有人议论，水泥路质量不好是监工的责任。但是村民谁都清楚，浇路时监工又都是村民自己推选出来的，每天由两个村民轮流到工地上去监督。

比如说，我们村里修的这条路，大部分村民都去筹集资金，争取资金，都想把这条路早点修好，因为这条路对村民来说确实非常重要。但是少数村民却认为，你的房子离这个路近，所以这条路对你家最要紧，我家的房子离路这么远，我的受益就小，所以我认为这条路对我也就不怎么要紧。你们这些组织者，能不能让我的受益与他们一样，使利益均衡吗？如果这样，我就没有什么话说，大家的事大家办，大家共同享受，这个钱我就出。但是，现在的情况并不是这样的，因为村里的组织者没有这个能力，所以他们认为，你受益大的人就要出多钱，我受益小所以就只能出小钱。但是，这个在前面的人，靠在路边上的人并不可能去出多钱。因为他认为，我家本来就是很方便的，村里修路还是不修路我都方便，就这样，整个修路的工作就只能是搁在那里。这是当前农村公共事业发展难的一个重要的问题，就是利益分享不均，导致出力与出钱的心理上的不平衡，而事实上这个绝对的平衡是不可能的。

就是修村中的小路，村民也提出了各种意见。当时村民就有了分歧，后来村理事会最后统一了意见：不管你家离主路远近，每户都接通一条路，不管你是走哪个门口。当然，有的房子离路远，做路就比较长；有的离主路近，只要修一小段就行，甚至有的村民家里以前就有路接通了主路，不要搞就行了。所以村民也争得很凶，有些人瞎想，你公家既然是这样说，比如说：我家里原来有路接到大路差一点，现在只要搞一点，但我不行，既然是每户通一条路，我要求走另一个门，你村里要帮我做这个长的路。所以，村理事会没有办法，也只有酌情处理，就依他们。理事会的人认为，搞这个生态文明建设总要和谐就好，搞得大家都没有意见。如果针对这一个事做了就做了，但是后来村民做别的事的时候就扯前面的事，要平衡。当然，这样一来，又造成了很多其他的问题。村民都想你今天可以这样做，明天我也会想多得一点。有的村民就说，我家里的一条短路，我现在不要你去做，而你帮我把这一条长一点的路做好，所以他就把这个短一点路自己出钱做，而要村里做一条长路。LY 家里就这样。所以，你说老百姓就是这样计较，他每时每刻都在考虑自己利益的最大化，就是一点点的利益他都要算计，这个事要拿到原来生产队里来说很好做。

修路时的矛盾表现在村里两个小组之间。建村中小路时，镇上与村里有协议就是村里要出人力，其他的材料包括水泥、石料、机器等都由上面给，就是浇混凝土时搅拌好后由村民用人力车运送到路面上去。动工前几天，村南组长 MZ（理事长，负责村里的全面工作）找到 YXL（北村的组长）说这个事，要求村里两个组的人共同来完成这个工作，因为全村在家的男劳动力都不多，单靠一个组的人力比较困难。但是，YXL 因为在修建塘岸护坡时北组部分有一段当时没有做与南组村民之间产生矛盾，对他提出的要求一口拒绝了。所以，这个事 MZ 后来只有到南组去做工作，结果是发动了村南组 16 个妇女，动员她们到工地上去拉水泥车。而村北组的男子汉、老爷们，在路上摆来摆去，不参与这个劳动。MZ 说：虽然现在村北的这个塘岸的护坡工作也已经做好了，但在当时来说，村北的村民、组长对我的工作的不理解、不支持，导致很多的事难做。在这个问题上、这个事上，很长一段时间里我是很受委屈的。

村理事长说："资金管理上，对村里来说，除少量的工资补助和材料费外主要用在项目建设上。村里一般没有什么招待，要有接待也就是在办公室里坐坐、喝喝茶。有关生活上的招待几乎是镇政府包了。如果没有专项经费下拨，生态文明建设中经济性的检查、接待必然加重乡镇的经济负担。作为经济力量弱的乡镇，必定要在项目建设中找到可以补充的渠道。国家援助、上面整合的一些资金，特别是县财政局资金一般都是通过财政线下拨，所以都要经过乡镇关。搞试点村也是个新鲜事，乡镇干部也不知道是怎么搞。而 D 村的理事长 MZ 这个人还有一定的能力水平。可以说得出去，也可以写得出来，与上面的领导交谈也可以沟通，乡里的领导对他比较放心。与县里交流的一些事务都是他直接与县领导接触，这样乡里也省了很多事。更主要的是镇干部认为他做事比较得力，可以做好。县财政局领导好多事并没有把他看作一个村里牵头的人，甚至认为他在村委会或镇里担任职务，凭着平常与他们的交往，寄希望于他把试点村的工作抓得更好。所以，县领导把一些项目投资的基本情况、帮扶项目情况，一项一项地向他说明，哪一次给村里投资了多少钱，全说给他听。"

有时建设项目即使是村里做预算，镇上的干部还是可以做些手脚。比如，镇干部对 MZ（村理事长）说："你把村里现在要做的事写一个材料，搞个预算，我帮你传到县里去，帮你争一笔资金来。MZ 就去准备，并且预算搞好。假设这个项目要花 10 万元，镇里就到县里去要。好，如果上面的领导答应拨了 10 万元下来，这个钱先到了镇里财政账上。然后，回过头来，镇里就叫村里把这项目落实。而且要求做这个项目只能花 6 万元。那么，你就只能控制在这个范围内。好，村里就做，做成了就把这个合同送到镇里去，包工头来做事，镇里去付款。这其中就有一个差额，上面给了 10 万元，镇里支付了 6 万元，而财政局还是认为你这个 D 村用了我 10 万元，做账也是 10 万元。其中的方式很多，比如说做路，预算时可以把这个长度延长，或是在路的基础上做文章。D 村里的这条乡村生态旅游公路，基础全部是村里做好了的，但在向上面报这个预算时还是放了进去。这样他的预算资金就比实际支付给包工头的资金要多很多。包工头没有做路的基础，他当然就得不到这个钱。这些钱，就是镇里可以用的活动资金。当然，其中的奥妙，镇里与县财政局领导也是言传意会、心知肚明，只是表面上不说这个事。为村里要做这个事，乡镇政府肯定会有一些特别的开支，包括上面来人的接待、召集会议、到上面找关系等，他们认为，反正都是国家的钱，只要这个钱不到私人腰包，不违法，就行了。"

第二节　B 村生态文明建设实践机制状况

一　B 村概况

B 村是江西省 WZ 县 1 个自然村，位于县城往北 95 公里处，地形以山区为主。周围被群山包围，树木资源丰富，林地面积为 10000 亩，主要以竹业为主，植被保护较好。村民主要以务农为主，主要种植水稻、玉米、香菇等。全村共 134 户，535 人，从性别分布看，全村有男性 289 人，女性 246 人。耕地面积 976 亩，人均耕地面积 1.82 亩。人均年收入 8500 元。党员人数 24 人，团员人数 50 人。从年龄分布看，学龄前的 6 人，其中男性 4 人，女性 2 人；6—18 岁的 32 人，其中男性 18，女性 14 人；19—60 岁的 422 人，其中，男性 227 人，女性 195；60 岁以上的 75 人，其中，男性 40 人，女性 35 人。从家庭构成看，独生子女家庭有 3 户（均已办理独生子女证），双女孩家庭 10 户，其他 121 户；从入学情况看，正在上学的有 60 人，其中，上幼儿园到高中的 46 人，上大学的 14 人。从工作情况看，有 5 人在本村以外单位工作。纯务工有 82 人，纯务农有 388 人。

二　农村生态文明建设实践机制状况

（一）开展工作

首先，基层政府组织在当地的主要路口和路边村民的墙壁、宣传栏和其他一些地方，书写、印制和悬挂了大量的以农村生态文明建设为题材的宣传标语。如"大家一条心，建设美丽乡村""加快发展绿色农业，构建生态秀美乡村""破除陈规陋习，倡导文明新风"等，进行了有效的舆论造势工作。

其次，按"生产发展，生态良好，生活富裕，村风文明"的要求开展工作。生产发展这一目标建设上，B村提出的目标是：发展生态绿色产业和开展美丽乡村建设工作，强调通过先进典型、互相帮扶来完成本村的整体协调发展。把生态工作放在了重要位置，B村迅速开展了以"清洁家园、清洁田园、清洁水源"为主要内容的生态整治活动。村委会借国家实行公路交通"村村通"工程机会，完成了村域内几条老化的水泥路的翻新工作；对村域内的主干道进行了加宽和维修；对跨越河道的公路桥梁加固、翻新。对原有的供水方式完成改造，施行集中式供水，加大了太阳能的使用范围。村镇规划提出"尊重自然规律、经济规律和社会发展规律"的原则，立足现有的基础房屋进行改造。同时，对住宅地统一规划，严禁私自开建房屋，以逐步完成居民住宅布局的科学调整。就生活富裕的目标而言，该村要求各部门同心协力拓展就业渠道，转移富余劳动力，将失业率控制在7%以内。要求低保覆盖率要达到100%，社保参保率也要达到100%。针对村风文明，政府加大了舆论宣传，将"社会主义核心价值观"等道德规范布置到了村庄显眼的许多地方。政府提出了"农民知识化"工程，完善"农家书屋"，要求各类技术培训率能达到70%，以确保新增劳动力平均受教育年限达到12年。政府要求有关部门对村霸、赌博、盗窃、打架斗殴和迷信活动等问题进行"严打"，同时出台政策"倡导群众依法有序反映诉求"。村委会按上级要求对村域内的文体活动场所进行了扩建或维修，修建了文化活动中心，每年都开展了一定次数的文体活动。村内的村务治理进一步追求公开化、透明化。村干部坚决让农民真正享有知情权、参与权、管理权、监督权。村干部被要求每年向村民述职。

最后，开展项目建设。主要有以下几项：（1）修村内主干道。总投资8.7万元。（2）建公房。总投资11万元。（3）修村内小巷道，建篮球场。共投入约30万元，其中市里拨了10万元，其他部门约4万元，县和镇一些部门的16万元资金还没到位。（4）人畜饮水工程。县有关单位修建了"引水塔"投入约 4 万元。（5）建公厕和垃圾池。建设资金由县划拨，共投入 5 万元。（6）粉刷墙壁。建设经费由市划拨，共投入 3.8 万元。（7）安装路灯。县里负责免费安装。（8）安装村牌。花费近千元，也由县里出资。

（二）工作效果

在政府的行政主导和支持下，B 村的各项工作步入正轨，基础设施建设加快推进。为了做好农村生态文明建设工作，村委会购置了 2 台垃圾运输车和 1 台洒水车，新建 2 座标准冲水式公厕，每家每户发放了垃圾桶，公共卫生情况大为改观。村域内新增和改造了多处夜间照明设备，新修了多片绿地，新建了有灯光设备的运动健身场地，美化了近万平方米的墙体，村容村貌焕然一新。村域内的文化娱乐设施得到了改善，村民的文化娱乐活动也相应丰富，目前村域内经常性地开展一些体育比赛和娱乐活动，在当地村民心中得到认可。

（三）重点事件描述——村干部谈生态果园开发

关于村里的生态果园，有 6 个人在搞开发，一共有 50 多亩。早在 2005 年，当时一个副镇长，负责该村一带的工作。村干部 ZG 说如果村民搞生态果业开发，上面有一笔贷款。但后来事实上根本没有，全部是村民自己投资。甚至镇里有人站出来说这个生态果园是他组织的，是他的功劳。2005 年开始搞到 2010 年是第五年，绿色水果开始上市，正好碰到县里在搞创建小康示范村，所以县镇领导就把这个生态果园作为农村生态文明建设的一个产业来做。在后来的发展上，镇政府也做了一些努力，争取到了一些退耕还林的补助政策。以这个生态果园为基础，2011 年继续开发 50 亩梨园，也经常有人到这里来看。但事实上，这个梨园也是搞得并不好，有的果树培养得很好，有的连果树都见不到。

2012 年，县里的领导到村里视察，村民准备了生态果园里的梨子让他们品尝，领导给了肯定，问了一下产品的销售、收入情况，但是现在的情况是这个产业很难做大，做不大，生态果园面积小了，不是没有地，主要是土地得不到统一调配，有的村民想搞生态果业，别的村民不让你搞，他的地不给你。究其根源，都是嫉妒心在作怪。

据村干部 ZG 说，本来这个生态果园开发出来就不是这么多面积，而比这个要大得多，按照预定面积不是这个数，结果到山上去划面积的时候被部分村民砍掉了。2005 年，划好了一片山地，因为山是村里的公山，每户都有份，定了 10900 元作为租金，由 7 个开发生态果园的村民拿这个钱出来，分给村民，每户给 100 元。结果到划定山地的时候，钱不减下来，但山被砍了一半下来。有些人说，你们要少搞一点，理由是这边山上的树好一点，而搞生态果业开发的山是不长柴不长树的光山。村里就有这么几个人，他们想就是他搞不成你们也少搞点。所以说，要把这个产业做强、做大几乎不成。后来搞这个农村生态文明建设，结合上面的政策，村里利用一片荒坡山地，增加了 150 亩的橘园。我想修一条路通到橘园，但是就是修不成。从那个事当中就可以反映一个问题，有些村民根本不是把心放到这个发展产业上，不是想把村里这个生态水果产业做好、做出名堂。说来领导也为村里搞生态果业提供了帮助，主要是通过林化运作争到了一个退耕还林计划指标。作为提高村民搞生态果业开发积极性的一个手段，县林业局给了每亩 200 元的补偿。但是，很多村民只看到了这个 200 元，根本没有想到要把这个果树搞成，将来要卖到多少钱，恐怕这个想法的人不多。

比如说在这次调整土地过程中，因为一片山垄田原来路不方便。现在担心在土地调整时村民都不愿意得那边的土地。如果是有一条好路，村民就会愿意得那片地，也是为了村民的方便和利益着想。我就计划同村民商量修一条路，可以通过板车的路，如果占了田，由集体统一进行调整，大部分的村民都同意，靠农田的一百多米都可以修通，但当路差不多修到村子，靠近村里的水泥路时要经过一户村民的一块菜地，因为地里有一棵小琵琶树，但这时候他的思想工作就是做不通，无论如何都做不通，而且还会从语言上伤人，说是村干部想毁掉他那棵树，并说一些非常难听的话。其实原来村民到田里去也是走这条路，原来也有比较宽的路，但后来经过多年的耕作、不断地锄草，路面就被占了不少。当我在村民会上提出来修这条路时，他还在会场上骂人。所以说，这种人不但思想落后，而且没有眼光，可以说是愚蠢。况且，他家也有几亩田在那里，都要经过这条路，换句话来说，这条路几乎是为他修的。他不这样想，反而说村里领头人的不是。因为他这样一阻一闹，结果是这条路就修不成，到现在那片田地就没有大路走。后来他家的田里现在也是种了橘树，到时候他的橘子只有用肩去挑、用独轮车去推。所以，我现在也不想再管这个事，作为村里领头的人，感到十分为难，做什么事都有阻力，所以也就作罢。

国家制定的政策到下面实施过程中发生很大的变化。制定政策的目的、初衷与现实的实施过程是完全不同的，有的甚至可以说背道而驰，根本达不到原来预期的效果。很多项目都是被歪曲地执行，修改后再实施。比如说按照 2014 年 1 月 20 日生态环境部印发的《国家生态文明建设示范村村镇指标（试行）》中提出的"生产发展、生态良好、生活富裕、村风文明"16 字方针，可以说，这个提法都是很好的。16 字方针的第一条就是要做到"生产发展"，这个从理论、从实际都是非常好的，非常符合老百姓的意愿。对村民来说，如果生产不发展，说得再好都是假的、都是虚的。这个方针的提出很好，很多农村也是这么去做的。比如说 B 村，在生产上发展了生态水果产业。相对来说，种绿色水果比种粮食收益要大，一是投入少，成本低；二是收益大。现在村里组织这样做也没有错，上面这样指导也没有错。按说这种经营方式在我们这个村是可以实行的，因为 B 村的也适合这样做。但是，到了农户的家里，这个生产发展就变了样。因为种绿色水果，要等树长高了、成了林，才有收益。但是，有些农民家里并不把精力放到种树上，树种下后不花时间去管理，好像这个树不是他家里的一样。原来他们的目的并不是真正想把这个绿色果树种好，也不是真心想发展生态水果产业。他们的目的只是为了上面退耕还林的补偿政策上讲到的 200 元/亩，而且他们想着这个钱每年都要。如果钱没有来或是来迟了，他们就要问这个村干部为什么这个钱还没有来。从这件事上说，国家的政策虽好，但到了下面就变了样、变了味。国家的退耕还林补助政策是为了激发村民去种绿色果树，发展生态水果产业，但是由于村民的素质差别问题，很多的村民并没有理解国家的这个用意。他们图的只是国家补偿的这个小利。现在就是要找到这个根源，为什么农村的绿色经济发展这样难呢？我就是说这些人都是一群蠢货，他们就不是正常的人，是脑子有问题的人，没有想到国家是希望我们农村在这方面有所发展。现在就是国家给予优惠政策让农民去发展，但是，这些人对发展的事不去管，国家给的这个优惠政策、上面补下来的钱就要。你说这个情况下如何去建设生态文明？

会上村民展开了激烈的讨论，特别是说到村里的山地开发问题，大家争得很多。年轻人主张大搞生态果业开发，希望通过生态果业为自己增产增收；老年人更多地考虑如果村里的柴山都开发成生态果园，到时候煮饭的柴火是不是一个问题，他们主张少搞一点儿；也有人提出退耕还林政策不可信；有人考虑以后分家立户的人，享受不到当前退耕还林的政策，而柴山又被前人开发成生态果园；有人提出退耕还林的补贴应归村集体，生态果园归村民私人经营，等等。他们无一不是为自己的利益着想，离开了建设美丽乡村的头等大事——发展生产。我曾经同某领导谈到过本村在退耕还林政策下的村民的心理状态，可概括为四个字：利欲熏心。这也是当前生态文明建设成果不大的根本之所在。后来，由于林业部门去实地勘察，建议保留一部分杂木柴山。所以，村里的生态果业开发转移到开垦村里的丘陵荒坡地上，关于是否保留柴山的争论自然也就平息下来。然而，自私自利的思想在绿色果树开发上的表现并没有终结，当林业部门的领导在村里承诺，给予村民退耕还林补贴的政策后，许多村民都在谎报还林面积。通过村民上报的数字统计，全村退耕还林面积达到250多亩。然而，根据卫星空测计算的总面积才只有148亩，而上面的补助是根据148亩下拨。当退耕还林补助下来之后，村民是你争我夺，无中生有，只是为了争得国家每年补贴给每亩林地的200元钱。针对这种情况，我召开了村民大会，公开了上述情况，希望大家以正确的态度对待生态果业的开发。我们最终的目的是要发展村民的生态果业生产，通过发展生态经济提高村民收入，而不能只看到当前补助的一些蝇头小利。最后村里组织人员对各户栽种绿色果树的实际面积进行重新丈量，结果与空测面积基本相同。

其实早在2006年的时候村里就有人开发了一些山地种生态果树，经过多年的发展，村里生态果业开发有了一点产量。但是，村民真正想在生态果业发展上走出一条致富路的人并不是很多。这一点在绿色果树的栽植与管理上就很容易看得出来，有的村民栽了树，而这些绿色果树是死是活，他们根本不去理会，更不谈去施肥打药。有的村民栽了树之后，人都到外面打工去了，长年没有回家，根本无法对绿色果树进行培育，所以果树长势就可想而知了。

在村里的生态产业发展中，村干部做了大量的引导工作，确实也在生态果业的生产中取得了很大的成绩，有些村民在生态果业中获得了一定的收益，可以说激发了不少村民开发生态果业中的潜力，但也有些人只是出于跟风，并没有真心地想发展好这个生态果业生产，有些人只看到当初国家政策给生态果业开发提供的一些资金补助和一些优惠政策，贪图一些小惠。为了开发村里的一片生态果业基地，村里做了统一的规划，绿色果树栽培的规格、绿色果树栽培的间隔等都作了规定。一些统一性的工作村集体都做好了，在这个基础上再由村民自己出工在责任山地里挖洞栽种。十年树木，绿色果树的栽培基础是十分重要的，基础的好坏直接影响到绿色果树的生长与今后的收益，村里在给准备栽树的村民进行技术培训时给他们都作了宣传，然而，不少村民对这个丝毫不予重视，打树洞时他们只是随便地用铁锹在地上开个洞，深度大小都根本不符合绿色果树栽培的要求。县林业部门的技术人员也多次到我们村里作了现场指导，村里也开会作了强调，但许多村民就是无动于衷，到后来，只有村里统一出钱，准备请外村的劳动力对一些不合规格的树洞进行修补。按说这是他们自己的事，别人来帮他，对他们来说是一个促动，可是这些人又担心村里把他家里的种树补助资金用来付这些劳动力的工资，所以又不让别人去挖他家的树洞，对这些村里请来的工人进行阻拦。

好不容易把绿色果树栽下去了，由于一些人思想没有足够的认识，思想上不重视，对自己的绿色果树不认真进行经营管理，三年过去了，有些人的绿色果树开始挂果，有些村民的果树却树苗都没有发育好，有的地里树木的存活率很低，整片的山地里没有几棵树。生产发展作为生态文明建设的首要任务，是完全正确的，也是当前农村生态经济发展的必要内容。生态果业发展作为我村生产发展内容也是切合我村实际的一个发展方向。如果把整个村里果农的积极性都发挥了，生态果业可以作为一个重要的经济来源。但目前情况是村民的素质、思想观念差距很大，想在短时间内把全村的人以同样的要求来发展生态果业的话肯定是行不通的，也很不现实的，最后只能是造成事倍功半的结果，村里的生态果业发展只能失败。

有几个村民凭着在村里的霸权从村集体事务中获利。记得有一次村委会要处理一片山林（卖树），这片山是整个村委会几个自然村共有的一片山地。早在20多年前植树时，村委会与各村就有协议，因为每一块山权是属于各个不同自然村所有，但植树是由村委会统一规划，垦山、植树、管理都是村委会负责，待树木成林后按三七分成，村委会得七成，自然村得三成（即山桩费）。假设这次砍树，按照村里的山地面积计算，村里可以从中得到 1 万元的收益权。当然，这个权益是全体村民共有的。但村委会在处理这一片山权时就得要召集各村的村长或领头人，把每个村的一部分定下来。有的村仍要得树，有的村就直接从村委会统一卖树中得钱，这样都可以。作为村委会的干部，最希望的是卖树后按山庄面积统一给各村钱，这样做省事。但有的村村民认为得树划算些，这样村委会就要从山地面积中划出原来的 30% 来，或是点 30% 的树棵数。村里的几个领头人就出面从村委会按 30% 的面积把这个山权接下来，这块山地就是村里的山桩费。然后，这几个人就出 1 万元钱给村里，每家给 100 元。当然，也有村民势力强一点或厉害一点，在村里敢说几句话的人，他们就给他多分一点，或是给 200 元。1 万元钱就在村里分完了。这样，整个村里的山权就转到这几个人手里，从而取得这片山地的处分权。当然，这几个人能得到这个山林处理权并不是村民自愿的转让，而是带有一定的强迫性，不管村委会是采取什么方式，是公示或是开群众会等，也不管村民是否反对，但这个山权这几个人是一定要拿到的，其他的村民谁也没有这个能力去做这个事。这几个人取得了这片山地的处理权后，再把这部分山权转卖给买树的老板。但是这次山权卖给老板再不是 1 万元，而是几万乃至于 10 万元。而这个老板也没有多大的办法，因为如果这个老板不买下这一部分山权的话，那么他同村委会商谈的其他部分的山，甚至整个山上的树都买不下来，这一笔生意也就难以做成。强龙斗不过地头蛇，这样买树的老板也就没有多大的办法。只好同这几个人讨价还价，最后搞定这部分山权以 5 万元成交，这样这几个人就从中赚到了 4 万元的利益。对于这种情况，村民来也是没有什么好办法，因为这几个在村里会打架，其他村民不敢对他们怎么样。很多村民有意见，只是放在肚里，不敢正面同这几个人交锋。

第三节　农村生态文明建设实践过程中利益相关者的心态分析

利益相关者分析现已成为发展领域甚为流行的分析工具。在农村生态文明建设过程中，主要的利益相关方包括：政府（县、乡）、村委会、村民理事会、村民。调查显示，在农村生态文明建设中，尽管所处地域不同，但是各参与主体对各自利益的关切心态具有相似性。

一　行政组织的心态

（一）县级政府组织的心态

其一，必须按照上级指示和文件精神做好农村生态文明建设工作。按照中国现行的行政运行体制，县级政府组织必须不折不扣地贯彻落实中央、省、市关于农村生态文明建设的工作意见，把农村生态文明建设作为重点工作来抓。根据省委省政府确定的工作任务、目标要求以及考核办法，把农村生态文明建设任务具体分配到各乡镇，纳入乡镇年度重点工作目标考核。

其二，政绩考核的需要。当前，省、市考核县级工作的基本方式是以点带面，因此县级工作必须要有工作特色、工作亮点，通过高位推动的有效举措，建设一批样板，来应对省市的各项督查。

其三，县级政府组织对农村生态文明建设工作怎么做、做什么以及朝什么方向努力有自己的想法，他们一般会选择抓生态文明建设，尤其是村容村貌整治方面。其缘由如下：一是目前从中央到地方对生态文明建设工作非常重视，抓得很紧；二是村容村貌整治能短时间抓出成效，容易打造看得见、摸得着的政绩工程；三是村容村貌整治能直接使群众受益，让群众切身感受到生活条件的改善带来的便利（走平坦路、喝清洁水、上卫生厕所、用节能沼气等），因而也比较容易得到群众的支持和配合。对于生产发展、生活富裕的目标，政府早已倡导了许多年都难以奏效。一方面农民素质普遍不高，生态农业实用技术推广难；另一方面生态农业生产受制因素多，组织化程度低，抗风险能力差。对于村风文明建设问题，认为需要一个长期的过程，目前要大力提倡，但重点还是抓好软件资料的完善工作。县级组织的具体举措。一是召开会议统一思想认识，制订工作方案，搞好培训指导。二是强化领导力量，实行县领导、县直部门单位领导挂点帮扶制。三是纳入财政预算扶助资金计划。四是将农村生态文明建设列入乡镇、部门重点工作目标管理考核范围，对支持力度大的乡镇和县直单位进行奖励。五是下派挂点工作组进行督促指导。六是建立农村生态文明建设督查调度通报制度。

（二）乡镇政府组织的心态

其一，乡镇政府把农村生态文明建设当作一项硬性的中心工作来抓。乡镇干部是连接国家与农民的桥梁，是政策的终端传递者与执行者，也是农村生态文明建设的组织者与实施者。乡镇党委、政府把农村生态文明建设工作不仅当作一项重中之重的中心工作来抓，而且必须按照县级下达的考核目标，抓出成效，否则无法向县委、县政府交账。

其二，乡镇政府在行为上既扮演主导角色，又扮演半主体角色。在建设过程中，乡镇党委、政府派驻的工作组，从宣传动员，讨论设计实施方案，组织指导项目施工，调解各类矛盾纠纷，规范监督民主管理等，各个环节都主导参与。乡镇政府始终处于两难境地：一方面，乡镇政府必须按照县委政府的工作思路、工作目标任务和工作进度去抓好工作落实，导致各项工作明显带有强力推进色彩。否则，就难以完成县里下达的建设任务。另一方面，乡镇政府必须在群众自愿的前提下开展工作。群众都是思想松懈型主体，由于没有建立工作激励机制，大都抱着能成则成、不能成则算的思想，没有一种内在的推动力，停留在上级"要我干"的思想状态，群众"我要干"的自觉意识还没有形成。因此，乡镇干部在工作中疲于奔命。

其三，乡镇干部对农村生态文明建设模式的普遍看法：认为上面制定的年度目标要求过高，不太切合实际，脱离了群众的实际生活水平和承受能力。这样一来大大增加了乡镇干部的工作难度，群众同意当前要实施的项目要抓好，群众不同意实施的项目也要千方百计抓好。例如：村路的硬化工作、乡村庭院的建设工作、污水处理工作、垃圾清运工作、旧房改造工作和厕所的改建工作，等等，大都要依靠群众的大力配合。而有些群众思想上不配合，要求群众在规定的时间内完成这些项目，他们往往故意顶着、拖着不愿配合，希望政府完全帮助他们建好。为了工作考核，乡镇干部在组织施工建设时，不可能完全尊重群众意愿，有时不得不依靠行政手段软磨硬泡推进工作，造成群众对建设工作的抵触行为。

二　村级组织的心态

其一，工作积极性不高。从调查中了解到 60% 以上的村干部认为农村生态文明建设是上级政府要抓的工作，村两委自身没有要求搞。还有就是农村生态文明建设要增加村级开支，加重工作任务，村级难以承受。

其二，工作畏难情绪大。当前村级组织的职能处于转型时期，村级组织作用日益弱化，大多数村干部存在一种守摊子思想，多一事不如少一事。而搞农村生态文明建设目标要求高，综合难度大，因而存在畏难情绪，不愿意得罪人，尽量回避矛盾。

其三，村干部对农村生态文明建设目标要求的看法。认为农村生态文明建设的工作目标要求过高，应从解决群众的基本生活问题着手，例如村庄规划、通自来水、道路硬化、沼气池建设等，对于污水处理设施建设、休闲场所建设等应根据村级经济而定。村干部普遍认为农村生态文明建设应该广泛地激发群众的积极性，应该像水利工程建设那样按项目立项予以补助，扩大覆盖面，让广大群众平等享受公共财政的阳光，激发广大群众竞相参与到农村生态文明建设中来。

三　村民理事会的心态

理事会作为农村工作需要衍生出来的一个新型的临时性组织，从某种意义上讲理事会是一个民间组织，但这是通过村民选举产生的民间组织。客观说理事会组织的成立对全面调动发挥民间精英力量，促进农村生态文明建设有着积极的现实意义。但在工作实践中，理事会组织自身建设以及外在管理和监督机制等方面还存在诸多不完善的因素，影响着理事会作用的发挥。主要表现在两个方面：

第一，乡土人才的缺失与组织设定的理事会的职能存在不对称的矛盾。当前，在中部及广大落后地区，外出务工人员占很大比例，留守农村的人员大多数属于"三八六一"老弱人员，农村生态文明建设的主力军严重缺失领导人才，理事会自身建设方面存在突出问题。一是理事会成员的整体素质有差异。按照理事会成员的选举的任职条件，一般要具备思想意识好、群众公认度高、有为民办实事的奉献精神、有一定组织协调能力这几项基本条件。一些地区介绍理事会组建的典型经验讲到，理事会成员从"五老"中产生，尤其是一些退休老干部，不计工作报酬，威信高，组织协调能力强。但从实际情况看，当前农村普遍存在人才缺乏问题，村级"两委"干部人才严重不足。大部分农村"五老"干部缺少，大部分退休老干部都随子女到城镇居住去了；小部分老党员干部年老体弱不愿出来理事，另外一些"五老"干部无能力出来理事。从中可以看出，要选举出一个好的理事会是何等困难，导致有些村的理事会甚至就是推选各个家族的代表凑合而成。二是工作主动性不强。理事会作为农村生态文明建设的具体组织实施者，肩负着宣传发动、制订方案、筹资筹劳、组织运作主体职能，但理事会组织由于是临时性组织，没有经过严格的培训教育，使得理事会成员主体意识严重不足，不会主动地去开展工作，绝大部分必须由镇村干部牵头组织召开理事会，甚至还有些理事会成员缺乏组织纪律观念，随意不参与活动，很难及时组织召开一个全体理事会成员的会议。除理事长外，其他的理事会成员90%以上都抱着干好干坏无所谓的思想。三是受农村封建传统及市场经济因素的影响。理事会成员普遍带着家族、宗族意识，加上受市场经济的思想冲击，个人的利己主义思想时有表现，在具体负责项目的实施中，也难以完全抛开人情世故秉公处事，从而引发群众的种种非议。因此，镇村工作组协调统一规范理事会的思想行为也是工作难点之一。四是工作组织乏力。一方面理事会组织协调能力不足，工作方式不够科学。另一方面理事会工作畏难情绪大，存在"活思想"。有利的事争着，无利的事避着，难点的事推着，例如筹资工作、拆迁安置工作等就不愿作为，难字当头，依赖思想严重。

第二，缺乏完善的外在管理、监督及激励机制。对于理事会这个临时组织，目前尚未纳入村级组织法的管理范畴。村理事会与"村两委"关系有着紧密联系。村党支部是党在农村基层的领导核心，村民委员会承担着一定的行政管理职能。理事会不能取代"村两委"，而是受"村两委"的领导和指导。但实际上"村两委"与理事会之间关系并未正式确立并正常规范运行。另外，关于理事会的约束机制、保障机制及激励机制也未建立完善，理事会成员仅凭自身的一腔热情和无私奉献是无法形成稳固的凝聚力和战斗力。理事会成员想干就干，不想干就闹情绪甩手不干的现象时有发生。

四　试点村群众的心态

第一，主体责任意识不足。多数试点村村民认为生态文明建设是政府的事，建设资金应该主要由政府承担，村民只承担个体家庭的部分改造资金。村民认为中央提出要建设农村生态文明，关键在于中央要拨付足够的建设资金。有钱好办事，没有钱怎么建设生态文明。目前农民生活还不算宽裕，有些家庭连子女上学的费用都很困难，不可能一下子每户拿出几千元钱来搞生态文明建设。政府有钱就搞生态文明建设，没有钱就干脆不要提搞什么生态文明建设。因此，群众在试点村的建设过程中主观上很大程度上依赖政府，严重缺乏主体意识，例如乡镇组织试点村理事会成员、群众去参观学习其他试点村的做法经验，他们普遍最关心的问题是：试点村的农户自己出了多少钱？试点村的建设项目是不是政府统一组织实施的？而很少过问理事会如何牵头理事？群众如何筹资筹劳？各个项目的投资成本怎样？如何抓好项目工程质量？试点村理事会、群众的主体意识由此可见一斑。对于争取申报试点村，群众普遍出于以下几种想法：一是申请试点村建设为了争取政府部门的资金，不管能不能按要求建好，先争取到扶助资金解决一两个公共设施项目建设问题再说。二是搞试点村建设，各级政府组织会派驻干部出面牵头理事，负责组织协调项目建设。三是大多数群众希望借助上级抓生态文明建设的机会改善生活条件（如解决路难行、水难喝、村庄难规划等问题）。可见群众对于自己作为生态文明建设的主体地位的目的意义认识模糊，没有真正认识到自己才是生态文明建设的主体，单纯地认为生态文明建设是各级党委政府实施的一项惠民工程。

第二，历史遗留的自私自利的小农思想在作怪。农民自古以来就不是得利者，他们生怕再失利、再吃亏，是天生的利己主义者。一是在任何情况下，他们都不愿意损伤自己认为的利益。例如，根据建设生态文明的村庄新规划，需要拆迁一些影响公共活动场所的破旧房、临时搭建的猪牛栏附属建筑。群众对此普遍存在抵触情绪，认为凭什么为了公共利益而损害个人的私利。一部分群众因此提出种种过高的要求：如一些旧房本来就已破旧不堪，长期闲置已没有实用价值了或已半倒塌只剩下残垣断壁，他们仍然还提出不仅要按每平方米补贴近百元资金，还要集体请人帮他们拆除，另外还要给他们安置新地段建新房，否则就闹着顶着不答应拆迁。另一小部分群众为了方便自己，对建在主道上的猪牛栏障碍物无论如何都不肯拆迁到统一规划的地段。县镇工作组在这些工作方面伤透脑筋也无济于事。二是对办集体公益环保事业不积极、不主动、不关心，自从农村实行土地联产承包责任制以来，尽管农户个体家庭的生产生活条件明显改善，但农村的公共设施（如池塘、公共文化活动场所等）都被人为破坏，年久失修，支离破碎。其主要原因就在于群众集体主义观念越来越淡薄，组织化程度越来越低。例如一些农户房屋内搞得干干净净，屋外旁侧的水沟道路却污水横流，臭气熏天，一下雨便无法行走。正中了一句谚语：各人自扫门前雪，哪管他人瓦上霜。一些公共活动场所成了吊牛、堆放杂物的场地。村前池塘淤泥堵塞无人清除，乱倒垃圾污染水质的行为无人管。此等现象不胜枚举，在试点村的生态文明建设中，理事会组织群众治理公共环境卫生时，困难重重。一部分群众避着不肯参与；一部分群众勉强参与但出勤不出力，还要求集体组织给付务工钱。可见群众的集体主义精神丧失到何等程度。三是对发展生产缺乏长远眼光。一方面嫉妒心强，缺乏互助合作精神。农民普遍存在"愿人穷不愿人富、恨人有笑人无"的思想。你想要发展，偏不让你发展，你穷了他倒看你笑话乐了。另一方面只见眼前利益不顾长远利益，只要眼前能得钱，不管今后多挣钱。四是互相等待观望的思想特别严重。农民是最精于算计的，他们是十足的现实主义群体。俗话说得好：村看村、户看户。村与村之间、户与户之间习惯于凡事喜欢相互比较、相互观望。如在试点村的生态文明建设中，拆迁问题、筹资筹劳问题、改水改厕问题、巷道硬化、下水道疏通问题、住房规划问题等都存在户看户的思想，你不支持我就不配合，你不干我就不干，各顾各的，小农观念尤其突出。缺乏大局观念和团结互助的观念，增添了诸多不和谐因素。

第三，农民贫富差距及思想观念的差异与试点村生态文明建设统一要求间的矛盾冲突。由于农民的思想意识、思想观念差异大，个别农户往往一时思想转不过弯，不愿参与生态文明建设，还有部分农户全家外出务工，要工作休闲时才有时间回家搞建设。以上这些情况与上级所规定的时间要求、目标要求不相一致的矛盾突出，给乡镇基层政府带来很大的工作困难和压力。

五 非试点村干群的心态

当前农村生态文明建设试点村都是选择一些基础条件好的村庄进行试点，使试点村的面貌焕然一新。一些试点村通过大拆大建后，外出务工不到半年的打工仔回家后居然找不到家，以为走错了村子，家乡短期内的变化大得让人不可置信。试点村的干部群众都认可这样一个事实，试点村比非试点村的基础设施条件改善较大。那么非试点村的干部群众对自己没有选到试点村有什么想法？对目前试点村的生态文明建设有什么看法？对采用试点村的模式推进生态文明建设的做法如何看待？围绕这几个问题我们对非试点村的干部群众进行了调研。

（一）干群对自己没有选到试点村的想法

一是认为村干部没有用或不管事，没有积极到上面争取。二是认为能否争取试点村还不是凭乡镇领导的个人意志说了算，争取试点村建设得找门路、找关系，才能争取试点村立项和好的挂点单位支持。因此没有申请到试点村的干部群众意见很大。三是认为试点村的做法对偏远落后山区的群众不公平。他们认为，如此选择试点村，我们落后偏远地方一辈子也甭想搞试点村。一些干部群众认为，中央的政策是好的，要求因地制宜，不搞一刀切，不准搞考核评比，都是地方政府想搞政绩工程，念歪了经。他们希望农村生态文明建设的政策能早日落实到偏远落后村庄。这点也可以从调查数据中看出来，其中认为"上面没有关系"和"地理位置偏"比例都达到了31.6%，认为"太穷"的占35.7%。

（二）对当前试点村做法的建议

一是希望农村生态文明建设不要搞大拆大建，对试点村的大拆大建以及刷墙行为很反感，认为这是搞形象工程。比如像一些没有规划的落后村庄，如此搞生态文明建设岂不是要几乎全部拆除旧房，建设一个新村庄，这样一来一些生活很艰难的群众如何承受得起。农村生态文明建设应该在现有基础条件下着力改善解决群众的生产生活条件。二是希望农村生态文明建设要量力而行，不要盲目追求所谓统一的整体效果，过分增加农民负担。例如有些地方在文化宣传硬件建设、休闲广场、环行路建设、绿化美化亮化建设等方面投资过大，群众很不满意。三是希望农村生态文明建设要长期抓下去，不能搞运动式的一阵风。群众最担心政府抓生态文明建设不能善始善终，他们更希望政府能够慢慢地建设生态文明，而不是像现在一样搞试点村时轰轰烈烈，到后来烟消云散，出现的也只是一些面子工程，不能巩固生态文明建设的成效。关于这点从"关于对农村生态文明建设政策能否长期执行的认知"的回答中也有所反映，两个村的村民都表示了他们的担心，21.1%的村民表示"有点担心"，8.2%的村民表示"很担心"，还有10.8%的人表示"说不清"。

（三）关于采用试点村模式推进农村生态文明建设的看法

非试点村的干部群众普遍认为：一是试点村不能作为生态文明建设的主要模式。以"美丽乡村"作为农村生态文明建设的重要载体，这是一个新生事物，一开始搞个别试点村示范引导是有必要的，当然试点村要讲实效，不要过多锦上添花，否则，试点村成为群众可望而不可即的"空中楼阁"，试点村也就失去了本身的意义。试点村模式的长期运行，存在以下几方面弊端：一是造成社会财富分配不均，穷村越穷，富村越富，这样与构建文明和谐的农村生态文明建设的方向有偏差。二是试点村的搞法容易变成各级政府倾力打造的政绩工程，拔苗助长只能事与愿违，不利于调动广大群众的积极性、主动性和创造性，这与中央提出的农村生态文明建设要坚持政府主导、群众主体的原则相违背。农村生态文明建设是一项长远的目标任务，根本在于培养新时代农民依靠自己的力量去创造富裕安康的美丽乡村。三是"试点村"的做法助长了群众的依赖思想，"试点村"目前所取得的成效仅仅是村庄整治的成效，治标不如治本，要巩固试点村的成效，关键在于引导群众在进行生态文明建设的同时发展生产，使村民过上富裕的生活。

第 七 章

农村生态文明建设
实践机制的失范问题分析

    本章主要对农村生态文明建设实践机制（怎么做）中存在的失范问题进行分析研究。通过实证调查，在实践中出现的具有共性失范问题主要包括："试点"选择、行动主体、建设内容、资源分配、绩效考核等方面。

    "失范"是法国社会学家迪尔凯姆提出的概念，指社会行为规范处于模糊不清或基本失效的一种社会状态。罗伯特·默顿（Robert Merton）从功能主义的观点出发，对这个概念进行了重新解释，并将它应用于对越轨行为的分析。关于越轨、失范的分析，是默顿中程理论的重要组成部分。1938 年，他在《社会结构与失范》一书中，分析了社会结构对个人行为的功能，深刻探讨了两者的相互关系，并据此论述了美国社会中存在的失范行为。默顿把在社会结构影响下形成的行为类型划分为五类：第一类是从众（遵从）行为，这种行为既接受了某种文化目标或功利目标，又采用了社会制度允许的手段来实现目标，社会中的大部分人都在进行这种没有失范的遵从行为；第二类是"创新"行为，这里的"创新"并不是我们平常讲的创新，而是指接受了某一文化目标但采取了非制度化的手段行事，如非法的手段谋取利益；第三类是"仪式主义"行为，这种行为没有明确的功利目标或文化目标，但听命于制度的要求，唯命是从、僵化保守，如官僚。第四类是"隐退（逃避）主义"行为，放弃、拒绝一切功利目标或文化目标，也不关心社会制度和规范，这种行为一般是由于受到挫折而导致的失败主义、追求虚幻、隐退等；第五类是

"反叛（造反）"行为，这种行为否定了原有的文化目标和制度规范，提出一种新的文化目标并采取新的制度规范来指导目标的实现，这实际上是试图建立一种新的社会秩序①。其中除了遵从者是以社会允许的方法获得社会鼓励的目标以外，其他四类适应方式都可以被视为偏差（失范）行为。默顿所讲的失范行为主要指的是个体行为，并分析了社会结构对个人行为的影响。

这里借用默顿失范行为的概念，把农村生态文明建设实践过程中的偏差行为定义为失范行动，主要是指默顿所讲的"创新"行为。之所以称其为"行动"，而不是"行为"，主要是因为农村生态文明建设实践过程中的行为主体，不仅仅指个体，还包括由个体所组成的群体，以及由此衍生出的社会现象。围绕"生产发展、生态良好、生活富裕、村风文明"这十六字方针开展的农村生态文明建设是国家在解决农村农民农业问题上的又一次新的尝试。客观地讲，它在一定程度上促进了农村社会的发展，尤其是在基础设施建设方面。然而，当我们回过头来反思农村生态文明建设的实践机制、实践过程和实践效果的时候，我们就会发现：农村生态文明建设过程中存在许多有损社会发展和进步的违规行为；农村生态文明建设的四大目标中，有些目标实现得好，有的目标和预期有很大出入；农村生态文明建设各组成部分在实践过程中存在错位现象；农村生态文明建设"试点村"出现示范失效的现象；作为农村生态文明建设主体的农民在农村生态文明建设中参与程度有待提高等。通过对农村生态文明建设"试点村"和"非试点村"的调查，从农村生态文明建设过程中失范行动的不同表现形式来看，主要可以概括为以下几类。

第一节　"试点"选择的失范

试点的目的在于验证方案的可行性、发现方案缺陷及其可能带来的负面影响，以便对社会政策进行相应的修改和完善。试点工作包括选点、开展工作、总结和评估等阶段。试点工作中，"点"的选择非常重要，主要有两个原则：一是"点"的真实性，即真实自然的社会情境，不是人

---

① 刘少杰：《现代西方社会学理论》，吉林大学出版社 1998 年版，第 285 页。

为制造的场景；二是"点"的典型性，即能由"点"及"面"，反映更大范围的社会现实。

一 选择机制

（一）名额分配与申请

试点村的数量都是县里定好的，分到每个乡镇有多少个指标，乡镇再按基本数分到各个村，村里再分下去，一般每个乡镇都有几个村的指标。乡镇里先把上面对农村生态文明建设的政策、基本要求一级级地传达到村里。如果哪个村里想搞农村生态文明建设就写个申请送到乡镇，把村里的基本情况作些说明，乡镇再把这个申请送到县里，如果想搞的村不多，只要写了申请就可以定下来。

（二）选择标准

如何确定哪些村庄是农村生态文明建设的重点，可以成为试点村？各地的选择标准有一定差异，但总体看来，一般都选择具有一定条件和基础的村庄，而数量巨大的条件较差的村庄很少能成为试点。大部分地区试点村的选择标准差异不大，主要是从以下几方面考虑。

1. 要有一定的经济基础

经济发展水平是很多地方政府选择试点村时优先考虑的标准，村庄的经济基础状况对该村能否成为试点村有直接影响，选哪个村作为试点村是要看条件的，拨下资金建设的项目要能取得明显的效果才行。这在调查中已得到印证，其中有33.3%的试点村村民选了"经济条件好"这一选项，非试点村则有35.7%的村民认为本村未选上是因为"太穷"。目前这种"嫌贫爱富"的情况在许多地方都存在，因为在他们看来，这样选择难度小，建设周期短，容易见效，而条件较差的村搞农村生态文明建设投入大，建设周期长，见效慢，结果导致不少"穷村"被排除在外。

2. 要有较好的地理位置和资源优势

是否具有较好的地理位置也是试点村选择的主要标准之一，调查显示，其中试点村村民中有59.4%的人认为本村能当选是占了地理位置的优势，非试点村的村民中有31.6%的人选择了"地理位置偏"这一选项。一般来讲，地理位置好主要指三个方面：一是村庄交通条件好，通往村庄的道路顺畅，不需要在这方面投入太多的资金；二是村庄位于某区域的核心地带，在该区域内具有相对核心的地位；三是村庄位于公路边，"外面来的人一眼就能看到这个村庄"。

自然资源的好坏直接关系到村庄的发展前景，是农村生态文明建设能取得效果的重要基础。村庄自然资源主要考虑：有无可供开发的林业资源、矿产资源或旅游资源；居民构成有无民族特色、房舍建筑有无特点。

村庄社会资源主要是指村庄具有一定的社会资本，和外界形成了社会资源网络。一方面，要让村民真正领会"生态文明建设"的内涵，自觉行动，共同维护公众利益。这会是一个很长的观念转变过程，就需要有一些土生土长而又见多识广并能在社会上求到援助的乡土人士，通过切身体会的宣传激发村民建设家乡生态文明的集体意识，通过利用他们的社会资源，为本村争取资金、项目等，以利于更好地解决家乡生态文明建设中物资匮乏问题。用现在流行的话来讲，就是"有利于招商引资"。另一方面，该村庄出去的一些社会精英在社会上有一定影响力，会有意无意影响到政府对试点村的选择，村庄在申请过程中也可能通过这些社会精英来做宣传或"与上面疏通关系"，用村民的话讲，就是"上面要有关系"。

3. 要有较好的干部和群众基础

农村基层干部与群众是农村生态文明建设的关键力量。对于干部而言，对下要有一定威望，在当地能有影响力，具有对国家政策、群众工作的深刻理解力，要把群众的事当作自己的事来做。另外，村干部本身的社会交往要广泛，能从社会上争取支持，为当地的生态文明建设提供各方面的帮助。在工作中，村干部也要善于与当地政府相配合，切实领会、落实当地关于农村生态文明建设的精神与政策。较好的干部基础，还要求具有奉献精神的村庄精英敢于承担农村生态文明建设的任务。

受访对象 NTY：村里要有一个能有奉献精神的人愿意牵这个头。忠诚老实，要可以吃得亏。选取了某个村，村中又没有一个合适的领头人去办事这就不行。有的村里，事前还没有动手做事，就说要多少工资，待遇。作为村民的理事会长，从自身来讲，一是要有点文化；二是要有点奉献精神。从支持环境来讲，一是家里的妇女对男人的工作要支持不能阻挡。二是村里还要有一班子人能相互协作。三是挂点的村乡干部要对村里干部支持，要撑腰，碰到难做的事村委会的干部要做村民理事长的后盾，比如说修路占田，要拆房子，都要上面的干部、政策给予支持。

群众的基础也要好。试点村的村民要对生态文明建设有热情，并能够积极配合、支持村干部的工作。村民本身要有良好的文化素质，对新事物、新思想、新方法有较高的容纳性与接受性，在生态文明建设中不易遭到来自村民本身的阻碍，有利于村干部开展工作。群众基础好还体现在村里人心齐，思想统一，容易形成一致意见。D 村被选为试点，这方面的原因也是重要的。

> 受访对象 NTY：D 村的村民比较纯朴，人心要齐。有的村也在路边上，条件也可以，但是村里的人心不齐，这个村委会的干部都清楚。有的其他村的村民说是我当了村委会的主任后，定了我这个村，把自己的村里搞得好，其实不是。主要原因还是 D 村的村民人心比较齐，基础好。

在问卷调查中，我们把村庄被选（或未被选）为试点村的原因归为五个方面：经济条件好（或差）、地理位置好（或差）、村里人心（或不）齐、上面有（或没）关系、运气好（或差）。在 96 名试点村 D 村村民中有 33.3% 的人选"经济条件好"，59.4% 的人选"地理位置好"，38.5% 的人选"村里人心齐"，15.6% 的人选"上面有关系"，3.1% 的人选择"运气好"。可见，地理位置好、村里人心齐、经济条件好是村庄被选为试点村的三个主要原因。

而在被调查的 98 名非试点村村民中，对于其他村被选为试点村的原因，有 40.8% 的人认为是经济条件好，51% 的人认为是地理位置比较好，35.7% 的人认为试点村村民人心齐，29.6% 的人将"上面有关系"看作原因，另有 10.2% 的人觉得试点村的当选是他们的运气比较好。当被问到"本村未当选试点村的原因"时，非试点村村民中，35.7% 的人认为主要原因是村子太穷了，有 31.6% 的人认为自己村位置太偏，42.9% 的人把原因归在了村里人心不齐上，还有 31.6% 的人认为原因在于上面没有关系上，只有 7.1% 的人承认是运气不好造成的。所以在非试点村村民眼里，经济条件好、地理位置好、村里人心齐是 D 村能成为试点村的三大主要因素。

二　"试点"选择的失范

从调查来看，农村生态文明建设的选择标准无非是以下几点：（1）经济基础好，不能太穷，尤其是有一定的产业基础，如生态养殖业、果业、林业等。（2）自然资源基础好，有优美的自然风光。（3）地理位置好，不能太偏僻，最好是位置比较显眼。（4）"人力资源"好，群众干部思想素质高。有村民认为，"作为村民的理事会会长，一是要有点文化。二是要有点奉献精神。三是家里的妇女对男人的工作要支持不能阻挡。四是村里还要有一班子人能相互协作。五是挂点干部要为村里干部撑腰，碰到难事敢于做后盾"。（5）村里人心齐，思想统一、纯朴勤劳。以上标准，是可以拿到台面上来讲的，而访谈对象大多都回避了另外一个原因，那就是村里是否有人"在上面有关系"。或者村干部有关系，或者上级官员中有人来自该村。与"上面有关系"相对应的是，如果"朝中无人"，那么只能是通过给某些乡镇领导好处来获得支持，一般的做法是，主动积极地把上级划拨的建设资金留一部分给乡镇领导，在利益分配中让乡镇领导得到好处。

从以上标准可以看出，农村生态文明建设试点村选择表现在两方面的失范：一是具有"歧视性"，表现为对那些位置偏远、条件较差的农村的歧视，反映了基层官员"嫌贫爱富""避难就易""急于求成"的心态。这是因为选基础较好的村作为试点取得的效果会更快，检查起来更有东西可看。但这实际上就是新形势下的"形象工程""政绩工程""戴帽工程"。二是试点村的选择过程中需要"关系"，人情因素成为同等条件下哪个村能成为试点村的决定性因素。对非试点村村民的调查数据也反映了试点村选择过程中的这两个方面的失范性。

第二节　行动主体的失范

农村生态文明建设主体具有多元性，各方主导和参与力量共同影响着农村生态文明建设的方向、内容和效果。在具体实践中，建设主体也存在行动失范的情况，主要表现在以下三个方面。

一　普通村民的失范

村民是农村生态文明建设的受益者，他们对农村生态文明建设的国家政策是积极支持的，但是，由于在具体实践中，政府部门缺少和村民的沟通和交流，没有一套有效的社会动员机制。在他们眼里，"生态文明建设是政府的生态文明建设，生态文明建设是干部的生态文明建设"，农村生态文明建设在他们身边，但又感觉有些遥远。就是在这样一种政府过度主导的实践机制之下，形成了村民对农村生态文明建设的淡漠，由本应主动参与的预期变为了被动参与的现实。所以，村民的失范更多是由于农村生态文明建设实践机制造成的，可以把它称为"被失范"。这种"被失范"是村干部和外界力量给界定的失范。在调查中，村民的失范主要是从村干部的访谈中得知的，概括起来，主要有两个方面：一是"等、靠、要"思想严重；二是集体观念淡薄。

受访对象 ZWM 谈道：自从农村生态文明建设到现在，我总觉得村民普遍存在着的心理特征，那就是自私自利观念较为普遍。这与当前农村生态文明建设所要求的集体观念是格格不入的，这种心理在平常的生活中，当村里没有什么活动时并不很明显地显示出来，但这种心理是隐藏在人的内心深处的，一旦有什么事情，一旦触及他们的个人利益的时候，他们那种私有的自利的心态就会显现出来，一旦这种心理表现出来，为了一点点的个人的利益，他们就可以不顾及个人的脸面、个人的尊严，当私人利益与集体利益发生矛盾时，为了自己的私利去同村干部发生争执，有的时候甚至唱反调，同村干部对着干。这里我只能言及皮毛，至于其中的深刻道理，我没有这个能力进行表达。这种现象对当前的生态文明建设已经带来了很大的负面影响。首先是造成公共资源浪费严重。其次是影响农村正常的生产生活秩序。

二 民间组织的失范

农村民间组织主要是指农民自愿组成、自主管理、自我服务的非营利性社会组织，具有民间性、组织性、非营利性的特征，其主要功能在于为农民提供利益表达的渠道或平台，使农民在社会参与、经济发展、人身权益等方面的诉求得以表达。

在中华民族处于百年未有之大变局的历史关头，在中华民族伟大复兴的历史征程中，在农村生态文明建设正需要各方大力支持的时候，各行各业都要关心支持农村生态文明建设，为农村生态文明建设作出贡献。要形成全社会参与农村生态文明建设的激励机制，鼓励各种社会力量投身到建设中来，引导党政机关、人民团体、企事业单位和社会知名人士、志愿者对农村生态文明建设进行结对帮扶，加强舆论宣传，努力营造全社会关心、支持、参与农村生态文明建设的浓厚氛围。农村民间组织在这一历史大潮中必须要有所作为，也一定能有所作为。

正是在这样的大背景下，农村民间组织在各地发展起来。目前农村生态文明建设中的民间组织最普遍的要算"理事会"。但是，这类民间组织主要存在以下三个方面的问题：一是人员组成问题。大部分退休老干部都随子女到城镇居住去了，一部分老党员干部年老体弱不愿出来理事，另外一些老干部无能力出来理事，导致有些村的理事会甚至就是推选各个家族的代表凑合而成。二是工作主动性不强。理事会作为农村生态文明建设具体的组织实施者，肩负着宣传发动、制订方案、筹资筹劳、组织运作等主体职能，但理事会组织由于是临时性组织，没有经过严格的培训教育，主体意识严重不足，不会主动地去开展工作，绝大部分必须由镇村干部牵头组织召开理事会，甚至还有些理事会成员缺乏组织纪律观念，随意不参与活动，很难及时组织召开一个全体理事会成员的会议。除了理事长之外，其他的理事会成员80%以上都抱着干好干坏无所谓的思想。三是受农村封建传统及市场经济的因素影响。理事会成员普遍带着家族、宗族意识，加上受市场经济的思想冲击，个人的利己主义思想时有体现，在具体负责项目实施中，也难以完全抛开人情世故秉公处事，从而引发群众的种种非议。

三　挂点干部的失范

上级部门对农村生态文明建设的指导和监督主要有两种方式：部门（领导）挂点帮扶和下派驻村指导员。前者主要是政府相关部门与村庄"结对子"，对农村生态文明建设进行必要的指导、监督和扶持；后者的普遍做法是，地方政府每年向每个乡（镇）派出一支工作队、每个建制村派驻一名驻村指导员，其工作主要是负责上下沟通，把上级的要求传达给村民，协助村干部做一些村民的思想工作。驻村指导员要负责落实派出单位确定的帮扶计划和承诺，围绕当地党委、政府的中心工作，突出抓好绿色产业发展、农民增收、村风文明、村庄生态环境整治和基层组织建设的指导工作，着力帮助解决好群众关心的生态环境治理的热点难点问题，充分发挥好自身优势和特长，对内做好出谋划策，对外发挥好桥梁纽带作用。

> 受访对象 NYM：村里的指导员，有镇指导员，村委会干部也派一名指导员。他们的具体工作，一是做到上传下达，上面说要做什么事，镇里开了会，就安排村里做什么，指导员就会到村里来，找到村里的理事会长、村里的牵头人，说要做什么，这段时间要做什么事，进行指导。比如说要做路，这个路要怎么改，选择什么老板，资金怎么使用等。二是对村里会存在什么纠纷，要做哪些工作，向村民作解释。三是村里反映了什么情况，存在什么问题，把它向上带到领导那里去。总体来说，一者是进行沟通，二者是督导。关于村里项目的设计，有关部门请了专门设计人员进行。他们负责拿出村庄建设规划的图纸方案等。镇指导员，在具体的村庄生态环境改造过程中也有些指导，比如建化粪池，什么叫三格式化粪池，改水等，如何达到上面检查的标准，要向村民进行比较详细的交代。主要是按县有关部门领导提出的要求，围绕上面的任务，为完成上面下达的各项指标进行指导，引导村民如何去做。此外，就是对中央的有关政策进行宣传。

但是，在具体的工作中，驻村指导员的作用并未达到预期效果，主要表现在：一是没有实质性的工作权力，主要是协助乡镇和村委会开展农村生态文明建设的宣传、动员等工作，"指导"作用流于形式；二是工作责任心不太强，有私心，主要为自己的前途考虑，没有真正把老百姓装在心里，尤其是一些指导员既不了解村庄的基本情况，又不了解老百姓的所思所想；三是工作能力不能满足农村生态文明建设的需要，很多单位为完成上级下派的指标，往往把新近参加工作的人员下派到农村，而不是根据农村工作的实际和个人工作能力进行选拔，导致驻村指导员整体素质不太高。

　　　　受访对象 WMY：对挂点的镇干部，责任心还是比较强，有什么事都比较主动参与到村里来。如果村里有什么事，要召集村民开个会，帮助村里主持大局，有的时候夜里都过来，但从个人的能力上来说，还是不很强。市领导检查前，镇干部入村工作，三个人一组进行分户包干，对村民进行督促，是瓦房的要重新做瓦头，墙外要进行外粉刷，下水道的清理，改厕，环境整治。县领导说了，要不惜一切代价，让领导满意。为迎接领导，算好领导到达的准确时间，县领导安排先开一辆车按相同的路线测试一下，算好到这里要花多少时间，再开到县里去要花多少时间。

　　　　受访对象 LMQ：镇里的干部在搞形式的时候是很好。在上面检查之前，经常到村里来，要大家把家里搞整洁，搞得像样点，也要添置一些家具。大检查前，镇干部分到了户，3—4 个人包几户村民家，有一个多星期，早上八点钟到村里来上班，晚上七点才回镇里去。还请了村民帮助做饭，钱也是镇里自己出。对镇在村里的挂点干部我不太清楚。不过，印象中有个姓李的，他好严肃。村民笑他要上（要升官）。他对工作很负责，人比较踏实，也比较和气。但是，他没有什么权力，什么事都要镇长拍板，他不敢拍板，上面要个什么东西，都是镇长拍板。

　　　　受访对象 WGL：镇里派到村里有一个年轻的挂点干部。他的主要工作就是有领导来，或外地有人来参观考察之前，通知要村民搞好村庄整治，监督村民搞卫生。这个人的能力也不是很强，人也比较年轻，什么事都是要村里人自己出面，自己不去得罪人，魄力不够。

第三节　建设内容的失范

根据调查显示，在建设内容方面存在以下三个方面的失范。

一　物质化，即围绕农村基础设施建设做文章

按文件精神，农村生态文明建设要围绕"生产发展、生态良好、生活富裕、村风文明"的方针展开工作，可以说，这个方针较为全面、系统、完整地阐明了农村生态文明建设的核心内容，但在实际执行过程中却把刷白墙面、分发垃圾桶、垃圾分类、清运垃圾说成是"农村生态文明建设成功典型"，把村容村貌改善作为农村生态文明建设的全部甚至是唯一工作。加上一些媒体相关报道的重心，大多放在诸如宏大的宽敞的街道、干净的卫生环境、整齐的民房上，而这样的报道多了，给人的印象是农村生态文明建设还是回到老路上，"生产发展、生态良好、生活宽裕、村风文明"的方针被简化成"村容整洁"四个字，于是各地都刮起了一股修厕所、粉墙壁、清污水之风。

从选择的调查点来看，农村生态文明建设主要工作也基本停留在基础设施改善上，大部分村庄的生态文明建设的工作内容就被单一划定为村庄简单物质条件的改善，其他目标只字未提。

二　政绩化，即热衷打造形象工程

由于目前农村生态文明建设任务的完成情况对地方政府的政绩考核意义重大，于是，各地不注重农村生态文明建设的总体规划和长期行动计划的科学制订，更不顾当地实际和农民的意愿，纷纷上马五花八门的建设项目，这些以"涂脂抹粉"为特征的项目，表面看起来很"养眼"，而实质上只不过是中看不中用的"花瓶"项目。这是农村生态文明建设中的普遍现象，也被称为"穿衣戴帽"工程，如此树立的典型只不过是当地官员出于政绩考量的结果，根本没有考虑农村的实际情况。

三　趋同化，即建设模式特色不足

做任何事都要具体问题具体分析，要因地制宜。然而在农村生态文明建设中，存在严重的趋同化现象，即建设模式特色不足，一谈到建设农村生态文明，大家普遍想到的是：村庄道路（包括村内道路和与外界联系的道路）变成水泥路；村庄墙壁被刷成相同颜色（大多是白色）；村庄墙壁绘上具有地方特色的壁画。如果资金再宽裕一些，我们头脑中的农村生态文明建设又加上修建公厕、修建垃圾池、安装垃圾分类设施、改造饮水设施等项内容。

农村生态文明建设不仅仅是目前大多数村庄的修路、改水、改厕等基础设施建设，应该还要包括完善村庄规划、基础设施建设、山水林田路综合治理、农村危旧房改造、农村环境集中连片整治、农村垃圾专项治理、生态农业发展、农业结构调整、循环经济发展、农业污染治理和乡村生态旅游观光业发展等，从而使广大农民的生产、生活各项指标真正往国家对生态文明村建设的标准上靠，使农村生态文明建设内涵更加丰富。具体怎样推进农村生态文明建设，要在专家的指导下开展调查研究，实事求是，因地制宜，因村制宜，注重实效；在建设模式上，要力求以人为本，在不破坏生态环境的前提下，建设具有多元特色的生态文明村和美丽乡村。

第四节　资源分配的失范

一　资源分配二元化的表现

（一）资源在试点村和非试点村之间的分配

农村生态文明建设试点村的选择存在问题，如"嫌贫爱富"。人为地制造了穷村和富村之间新的"二元"形态，加剧了农村中的两极分化。这主要是因为，被选为试点村就意味着国家要划拨资金扶持，至少原来没钱修的路能修好，原来脏乱的环境可以得到改善。调查显示，试点村有21.9%的村民为本村被选为试点村而高兴是因为"国家拨给村里很多钱"，85.5%的村民认为"村庄面貌发生巨大变化"，19.8%的村民认为"家里生活水平得到提高"。但非试点村如果没有争取到其他扶持项目的话，一分钱也要不到。这对村庄与村庄之间来说，是极为不公平的，是与社会公平的社会理念相违背的。

（二）资源在村庄内部村民之间的分配

村长占有着较多的社会资源，他/她自己很可能成为资源分配的受益者。另外，对资源分配通常出现人情分配的现象。尤其是在由几个家族组成的村庄之内，如果哪个家族有人"当政"，涉及村民利益的相关资源分配时，往往会向本家族内部成员倾斜。

> 受访对象 NXL：什么是试点村，我也不知道，搞什么农村生态文明建设！干脆说是他家的农村生态文明建设。就像前面那人说的，我们这儿当官的是传统型（家族型）的，有什么好事，你这些人一样都闻不着，他家那个家族就占了三分之一，你这些人再怎么团结也挤不上。他家的户数没法说，姑娘嫁出去，七连八扯的，他们都围成一圈，外面的夹不进去，外面的如果要你建沼气池、建化粪池，那还是沾关系的，不是嘛，你根本整不着。

二 资源分配二元化的危害

资源分配的二元化人为地在农村制造穷村与富村的新"二元"形态。中国社会存在诸多二元形态，最有代表性的是严重制约城乡互动的"城乡二元"体制，此外，还有东部和西部的二元、社会上层和社会下层的二元、当官的和老百姓的二元。在农村生态文明建设过程中，又人为地制造了穷村和富村的二元。"二元"反映了两者差距逐步拉大、关系逐步减弱甚至出现断裂。农村生态文明建设试点村的名额是有限的，大部分地方的情况是：一个乡镇只有一个村搞试点村。按照自然资源好、经济基础好、干部群众素质高为标准选出的试点村，能得到上级政府部门的持续关注并获得动辄几十万元的建设资金，因而试点村是好上加好，而没被选为试点村的村庄什么也得不到，这就人为地造成了穷者更穷、富者更富的怪现象，制造了原本贫富差距不大的乡土社会也出现了严重的两极分化，形成了穷村与富村之间的新"二元"形态。由此造成的结果是，村民之间嫉妒心理增强，社会矛盾进一步激化，农村生态文明建设的政策意图受到质疑。调查结果反映了非试点村村民对本村未被选为试点村的态度：52.0% 的感到不高兴，5.1% 的人表示高兴，23.5% 的村民无所谓，有 19.4% 的人选择了"说不清"。有 49.0% 非试点村村民对试点村的村民表示了羡慕，10.2% 的人则不羡慕，有 27.6% 认为无所谓，13.3% 的人表示了说不清。当被问到"是否希望本村成为试点村"时，试点村和非试点村共有 40.7% 的人明确表示希望，48.5% 的村民表达了比较希望，只有 2.1% 的村民明确表示不希望，8.8% 的人对此表示"说不清"。

三　绩效考核的失范

（一）考核主体的单一性

考核主体是指考核行动的组织者和行动者。从绩效考核的公平性来看，绩效考核应由领导、专家、评估机构、社会组织和群众组成的多元主体构成，多元主体参与考核可以弥补各主体在考核过程中存在的缺陷，并起到一定的监督作用。但是在农村生态文明建设绩效考核过程中，呈现出领导考核为主的单一性，存在专家、社会考核机构和群众缺失的问题。领导既是政策的主要设计者，又是政策绩效的考核者，使这种考核变成"内部考核"，考核的公正性受到质疑。

（二）考核内容的"逃避"性

多数基层政府的考核细则虽然按照《国家生态文明建设示范村镇指标（试行）》的规定在四大一级指标下列出了二级指标，但真正考核的指标又都放在村容村貌上，领导带人参观就意味着考核的全部，参观结束考核也随之结束，有意无意地"逃避"了其他指标的考核。考核程序不规范，走形式，一般都能通过考核。在 D 村调查点，上级部门下发的农村生态文明建设评比细则中（见表7—1），涉及"村容村貌"的占 100 分中的 75 分，其他项目包括：成立理事会（5 分）、开户主会（5 分）、书写固定宣传标语（10 分）、制定农村生态文明建设计划（5 分）等，没有指标涉及生产发展、生活富裕、村风文明等内容。

表7—1   农村生态文明建设评比细则

项目	得分	备注
成立理事会	5 分	
开户主会	5 分	
书写固定宣传标语	10 分	
制订建设计划	5 分	
资金筹集	10 分	
清杂草	10 分	
清垃圾	10 分	
清污沟	15 分	
拆除危房、破旧围墙	30 分	

第五节　农村生态文明建设实践机制失范的原因

一　主体参与意识不强

干部、群众对建设农村生态文明的实质缺乏深刻的认识和理解，片面认为农村生态文明建设就是"修一段路，刷一面墙，盖几所房，种几棵树，改下厕所"；认为农村生态文明建设目标太高，任务过重，缺乏实现目标的信心；认为农村生态文明建设是各级政府的事，与自己无关，漠不关心，思想淡漠。建设农村生态文明农民是主体，只有让农民充分认识生态文明建设的重要性、必要性、合理性、可行性，充分理解生态文明建设的重要性，才能充分调动他们的积极性，使其投身生态文明建设的主战场。由于历史原因和区位限制，农业、农村经济社会发展相对滞后。大多数农民世代代居住在农村，对贫困落后的面貌司空见惯，安于现状，不思进取，竞争意识不强。受文化水平、思想观念、劳动致富能力弱等诸多因素制约，"等、靠、要"的思想严重。在农村生态文明建设中不是"我要建"而是"要我建"，主观能动性不强，积极性不高。

二　具体保障措施缺乏

农村生态文明建设是一项长期的系统过程，在村民没有把它当作自己的事业形成自觉的自我建设的意识时，是需要一整套健全的、系统的制度去制约村民的行为。在进行建设时需要做到规划先行，只有在科学规划下进行的农村生态文明建设才会具备高起点、科学性、实用性与适应性的特点，从而起到助推乡村振兴的作用。当前许多农村的青壮年纷纷外出打工，留在家中的基本是老弱妇孺，有的家庭甚至连基本的生产生活都成问题，没有足够的劳动投入，而且劳动者素质较低。农村生态文明建设的投资计划无法按时完成，建设标准和内容达不到要求，直接影响农村生态文明建设的可持续发展。

三　以产业发展为支撑的经济发展滞后

建设农村生态文明的中心任务是促进生态农业和农村经济的全面发展，要实现生态农业和农村经济全面发展需要强大的产业支撑，但是农村经济发展不平衡，大多数地方仍是靠种植粮食解决温饱，增加农民经济收入的产业没有真正培育起来，经济发展缺乏后劲，农民增收难。有些村庄经过多年建设，水利设施、交通、卫生设施等有了较大改善，但与农村生态文明建设的目标相比仍然存在较大差距，交通、通信问题是制约经济发展的"瓶颈"，直接影响农村生态文明建设的进程。

四　村民整体素质较低

农村生态文明建设需要一大批有政治思想觉悟、掌握现代科学技术、会经营懂管理的新时代农民。目前的状况是大多数文化层次较高的农民外出务工，留在农村从事农业生产的农民科学文化素质较低，劳动能力、经营管理能力较差，难以满足生态文明建设的需要。建设农村生态文明的关键是发展现代生态农业，因为建设现代生态农业是推进农村生态文明建设的产业支撑，建设现代生态农业主要是加速科技进步，而加快科技进步的关键是加强生态农业高新技术推广，唯有如此才能切实提高现代生态科技成果的转化率和对生态农业增长的贡献率。从目前情况来看，当前乡村的长远建设、人员素质、经费保障、工作内容等与建设农村生态文明的要求和农民群众的期盼仍不相适应，需要进一步加强。

第 八 章

农村生态文明建设政策绩效的
堕距问题分析

　　本章主要分析由于农村生态文明建设实践机制状况并不理想，出现多方面的失范问题，导致政策绩效没有得到应有的体现，出现了政策堕距现象（政策的应然、当然、实然状况之间的差距）。

　　"堕距"一词是由美国社会学家奥格本提出的，是指文化的各组成部分在实践变迁的过程中出现的不协调、不平衡、差距和错位现象，即所谓的"文化堕距（culturelag）"。当前，有些从事制度研究的学者把"堕距"概念拓展运用，他们认为，"任何一种制度都存在三种状态。制度的当然状态指称制度的文本或要义，制度的实然状态标示制度的执行状况，制度的应然状态暗示制度改进的目标。一般来说，这三种状态是分离的，如果按照增进社会福利的标准。往往是应然状态优于当然状态，而当然状态优于实然状态。理想的情况下三者统一于实然，但这往往是不可能的。因此制度的三种状态之间必然存在差距，即制度堕距。制度堕距又可分为两类，上向堕距是制度的应然状态和当然状态之间的差距，下向堕距是制度的当然状态和实然状态之间的差距"[①]。借用文化堕距和制度堕距的概念，此处将农村生态文明建设政策执行中出现的应然状态和当然状态之间的差距称之为政策上向堕距，将其中出现的政策当然状态和实然状态之间的差距称之为政策下向堕距。

---

　　① 辛秋水等：《制度堕距与制度改进——对安徽省五县十二村村民自治问卷调查的研究报告》，《福建论坛》2004 年第 9 期，第 107 页。

第一节　农村生态文明建设政策上向堕距

在理论层面，可以把政策文本与政策目标之间的上向堕距分为以下几个层次：政策缺失、政策模糊、政策缺陷、政策冲突和政策断裂。对于农村生态文明建设而言，政策文本扮演的角色非常重要，但也存在一定程度的上向堕距现象。关于这一点可从对以下几个问题的回答中寻找答案。

一　政策文本是否缺失

政策文本承载着政府的执政思路和执政理念。2012 年 11 月，党的十八大报告首次提出要把生态文明建设放在突出地位，2013 年 2 月农业部颁发《关于开展"美丽乡村"创建活动的意见》，2014 年 1 月国家环境保护部研究制定了《国家生态文明建设示范村镇指标（试行）》，2014 年 5 月国务院办公厅下发《关于改善农村人居环境的指导意见》，2015 年 4 月中共中央、国务院颁发《关于加快推进生态文明建设的意见》，2017 年 10 月党的十九大报告提出要加快生态文明体制改革，在农村要开展人居环境整治行动，2018 年 9 月《乡村振兴战略规划（2018—2022 年）》（以下简称《规划》）出台，《规划》提出要建设人与自然和谐共生的生态宜居美丽乡村。

全国各地依据国家关于农村生态文明建设政策的指示精神，结合本地区的实际情况，相继出台了指导当地农村生态文明建设的实施意见、考核办法、工作计划和具体实施办法。所以，总体来说，农村生态文明建设过程中并不存在政策缺失的情况。调查中我们也了解到，村民对农村生态文明建设相关政策文本的满意度还是比较高的，在调查的 194 人中，有 150 人认为我国出台农村生态文明建设相关政策意义重大，占调查总数的 77.3%。有 122 人认为国家颁布的农村生态文明建设相关政策正合适，占总数的 62.9%；有 35 人表示有点晚，占总数的 18.0%，说明村民们还是非常期盼和欢迎涉及农村生态文明建设的惠民政策。国家出台这些惠民政策能不能改变农村脏乱差面貌，得到的答案是：有 59.3% 的调查对象选择"能"。在是否赞同国家加强农村生态文明建设这一问题的调查中，有104人表示完全赞同，82人表示赞同，分别占到调查总数的53.6%和42.3%；有88.1%调查对象希望农村生态文明建设能长期推行下去。

二　政策是否存在缺陷

中央政策文本的严谨性、完备性自不必说，而地方政府在缺少周密调研情况下制定的政策文本却存在一定程度的缺陷，导致实践起来较为困难，造成骑虎难下的困境。主要表现为政策文本建设目标定得太高，急于求成，有些脱离实际，欠缺操作性。一位基层干部对此有深刻感受：

> 受访对象NQH：我们感觉上级领导把农村生态文明建设看得太简单，不但把目标定得很高，而且把实现目标的时间定得很短，有些目标规划根本不能在短期内实现。譬如，在一年的时间里，改房，要求所有的试点村拆除空心房、土坯房、外墙一律拉毛甚至为追求美观强求村民统一色彩装饰等，不仅不符合群众本身的要求意愿，而且大大超出群众的经济承受能力，如果为了追求政治效应强行要求群众高筑债台高标准建设，即使住在别墅村，他们也快乐不起来，这种做法背离了农村生态文明建设初衷。再如，生态产业的培植、经济的发展、农民素质的提高等，这些软环境的培育不是一个村、几个带头人一努力就能达到的，更何况外部条件有限、时间短，这些目标实在是"心想而事不成"。

三　政策文本体现的精神内涵是否一致

中央对农村生态文明建设进行顶层设计，提出了宏观的政策支持，规定好了农村生态文明建设的"大方向"，各级地方政府可以根据本地的实际情况，制定相应的地方性政策文本。如果拿地方制定的政策文本与中央提出的目标和要求相比，就会发现，中央的政策文本体现了中央对农村生态文明建设各层面的全方位考虑，而地方性政策文本虽然在形式上也考虑到这几个方面，但是具体的内容上却存在照搬上级文本和解读不当的情况，尤其是在最能体现农村生态文明建设状况的村级农村生态文明建设实施方案中，不少地方围绕的都是如何搞好"村容村貌"的相关安排。以下两个文本，一个是某县建设农村生态文明实施意见，一个是某村 2014 年农村生态文明建设工作计划，通过比较可以看出，县级文本结合"生产发展、生态良好、生活富裕、村风文明"十六字方针提出了农村生态文明建设的指导思想、基本原则和建设标准，内容全面；村级文本所列出的工作计划却只涉及改善村容村貌的具体安排，对生产发展、生活富裕、村风文明等内容涉及较少或未涉及，生态良好方面也不全面。政策文本在自上而下传达过程中存在传达失真、脱节等问题，使中央的农村生态文明建设的精神内涵得不到较好地体现，正如调查中的村民 NDS 所说："现在的问题主要是中央政策落实得不太好，有人就说中央政策传达像陨石，落到地上就化掉。农村工作不好做。"现将这两个文本的主要内容呈现如下：

　　某县建设农村生态文明实施意见

　　一、指导思想

　　二、基本原则

　　一是尊重民意；二是因地制宜；三是突出特色。

　　三、建设标准

　　（一）生产发展。共 7 条标准（略）

　　（二）生态良好。共 7 条标准（略）

　　（三）生活富裕。共 7 条标准（略）

　　（四）村风文明。共 7 条标准（略）

　　四、组织领导

某县人民政府办公室

2014 年 6 月 17 日

　　某村 2014 年农村生态文明建设工作计划

　　一、环境整治

　　1. 全村动手清除村内杂草、垃圾，责任包干到户，理事会负责督查。9 月 10 日前全面完成验收，按规划建设垃圾池 8 个，10 月底前完成。

　　2. 改污水、清淤泥，各户门前屋后由各户自行清理。门口塘、鱼苗塘村里安排包干清理，9月26日前完成，修建屋场前长约25米排水沟，10月底前完成。

3. 风景树护栏，村古樟树建立砖砌护栏，承包形式完成，10月5日前完工。

4. 绿化植树，结合环境清理，私有空闲地由各户自行打洞栽树，公共地段、公路两旁由村统一安排植树，11月底前完成规划和订购苗木，适时完成栽植任务。

二、改水

1. 结合改污清淤，整治村中两塘，完善改港工程，即外港砌护和挡水堰、简桥，时间暂未定。

2. 彻底改善饮水问题，以户为单位建立单户塔式自来水，资金由户出一部分，扶助资金一部分，9月20日前完成。

三、改路

完善村中主要干道，修建村中宽1米、长2000米左右道路，进行水泥硬化，改变雨天走泥巴路现状，9月20日前完成。

四、沼气

由村民自愿报名，建立15户以上沼气池，多则不限。

五、改厕

结合改水和沼气，进行改栏、改厕50户以上，改成水冲式蹲位厕所，配套化粪池或沼气池，要求9月20日前与改水同步进行。

六、拆除有碍村容建筑，实现房屋墙面崭新

结合环境整治，拆掉公认有碍村容村貌的残垣旧院、破败无人管理的建筑，9月20日前完成，11月底前进行房屋翻新，主要进行刷白。

某村农村生态文明建设理事会

2014年9月

此外，每年各地都要进行本年度农村生态文明建设工作总结和下一年度农村生态文明建设工作计划，两者都以文本的形式呈现出来，这时我们会发现，总结往往长篇大论、夸夸其谈，计划却简洁"明了"。某村所做的 2015 年工作总结及 2016 年工作计划共有 10 页 5800 余字，工作总结占了 8 页 4400 余字，工作计划却只有 2 页 1100 余字。毋庸讳言，农村生态文明建设的政策文本在从上到下传达的过程中，出现传递失真的情况，农村生态文明建设内在的精神内涵得不到彰显。

　　总之，农村生态文明建设的政策文本还有很多亟待改进的地方，存在一定程度的上向堕距现象。

第二节　农村生态文明建设政策下向堕距

　　政策下向堕距是指政策执行情况与政策文本之间存在着差距。农村生态文明建设政策的执行情况直接反映了政策设计通过实践所达到的政策绩效。农村生态文明建设的政策下向堕距主要表现在以下几个方面。

一　把村容整洁目标的实现等同于农村生态文明建设

　　注重基础设施建设，尤其是村容村貌的建设是各地农村生态文明建设的共同点。有的地方把这种做法称为"六改四普及"，包括：（1）改房。有历史意义的保留或修缮，没有保留价值的土坯房和无人居住的破旧房、"空心房"要逐步拆除。房屋外墙体要整洁美观，房屋四周滴水沟要用水泥三面粉刷，旧门窗做好油漆。（2）改栏。要切实做到人畜分离，有条件的地方提倡发展畜牧小区。试点村内的破旧猪牛栏、厕所、残墙断壁要全部拆除。有条件的村改栏应兼顾考虑今后使用沼气。（3）改水。把普及自来水作为重点，使群众饮用卫生安全的自来水。有条件的地方集中供水，不具备集中供水条件的地方采用分户供水方式。（4）改厕。建"三格式"无害化厕所，努力改善农村卫生条件。（5）改路。结合"村村通"工程，硬化进村道路，便利农民出行。（6）改环境。开展清淤泥、清杂草、清垃圾、清污水、清路障活动，动员和组织群众搞好村旁屋旁绿化，做到果树成荫、环境优美、村容整洁。（7）普及沼气。积极引导有条件的地方推广使用沼气。（8）普及有线电视。进一步完善有线电视传输网络，试点自然村的有线电视普及率要达到100%。（9）普及电话。加强农村通信网络和互联网建设，电话普及率要达到 100%。（10）安装太阳能。选择条件好，群众积极性高的地方示范安装。

也就是说，农村生态文明建设的四大目标中，仅仅是"生态良好"这一目标中内含的村容整洁的目标实现得好，而其他三个目标实现起来难度都比较大，因而大部分地方都避重就轻，难度最小、最容易见效的目标优先来做；难度大、周期长、投钱也不一定见效的先摆到一边。

二 把农村生态文明建设作为"政绩工程"来开展

农村生态文明建设开展以来，地方各级政府及基层干部就进行着或明或暗的利益博弈，目的无非只有两个：钱和名。一方面，争取到农村生态文明建设"试点村"的名额可以得到国家划拨的大笔资金；另一方面，利用这些资金对生态环境进行改善，相关部门验收合格，可以成为主管部门政绩考核的重要指标。正是在利益的驱使下，各地开展农村生态文明建设都热衷于村庄外貌的改善，以迎合上级领导的视察。在调查的过程中，有村民详细讲述了一次迎接上级检查的具体过程。

> 受访对象LHB：为了迎接领导检查，G镇有关领导通知村里干部共同商量怎样迎接领导的到来。在接下来的时间里，D村可以说是热闹，G镇干部10多人，自带米，买菜办伙食，请人做饭，并且每个人给120块钱的工钱，放在村民ZDY家里（做饭）。乡干部三个人一组进行分户包干，对村民进行督促，墙外要进行刷白墙、下水道的清理、改水改厕，进行环境整治。他们指导监督村民，要求村民打扫卫生、整理家务。甚至，如果村民习惯手里有个东西总是在哪里方便就在哪里放，这时镇里的领导都会上前，主动地去帮你整理。按照县镇要求，整个村里要做到外面不见一根杂草、不见一个烟头，每家每户都要搞清洁卫生，垃圾要放到村里发放的垃圾桶。县领导说了，要不惜一切代价，让领导满意。尽管镇干部强调得严，其实，很多村民并不理这一套。镇干部一行人在村里大摇大摆地走，对村民讲：要把东西摆整齐，说这个重要，说过几天上面的领导要来检查，你们做事一定要做好，上面领导拿了钱，你们村民也要为他争一口气，你们做得好上面领导就高兴。但村民说：我没有空，不管这么多，还搞这个东西（环境整治的事），反正我们多年都这样过来了。当然，真正不搞卫生的人毕竟还是少数，对镇领导干部的

话，大部分村民还是听从，即使农活忙，没有空，家里卫生，他也会抽个闲来搞一下。要整洁，要打扫，我们就扫，反正搞来搞去，还不是我们自己家里整洁。人总还是讲点情理的，村民也反过来想，镇干部这么大的热天，到这里来，也不容易。那天领导来检查，县镇干部都在陪同。当时，来检查的个别领导并不按安排的路线走，而是自己在村庄中到处跑。镇长看到这个情况，马上对村书记打招呼，要他赶快上前，到前面可能到的村民家里去打好招呼，叫村民说话要注意点。

三　农村生态文明建设中农民的主体地位得不到尊重

目前，理论界形成的普遍共识是：农村生态文明建设的主体是由政府、农民和民间组织三者结合起来的多元协同主体，也特别强调了，农民应该作为农村生态文明建设的主力积极参与到实践活动中来。194 名被调查的村民中，有 41.2% 的人将政府当作农村生态文明建设的主体，15.5% 的人觉得农民是主体，把民间组织看作主体的占 2.6%，而有 40.7% 的人认为农村生态文明建设的主体应当是"三者结合"。大部分村民也认同农村生态文明建设涉及多个主体力量。

然而，到了农村生态文明建设的具体实践过程，则存在主体模糊、主体界定不清的情况，而且往往忽视农民的主力军作用，造成的结果是，"农村生态文明建设是政府的农村生态文明建设"，村民在整个建设过程中成为旁观者。对于涉及农村生态文明建设的项目，大多数地方都是采取招标的形式进行，自然有工程队负责项目建设，"村民只要搞好自家的卫生就可以了"。一方面是政府没有进行积极动员，另一方面是村民自身积极性不高，"等、靠、要"思想特别严重，"国家给钱，能做多少事，村里就做多少事。甚至还有一些比这个'等、靠、要'更为落后、更为严重的思想，就是很多村民对农村生态文明建设表现出'无所谓'态度。存在这些落后思想的村民对国家的政策没有反应，国家投资也好、给钱也好、不给也好，他们都没有反应、无所谓、处于一种消极状态。国家投资帮助村里搞改厕可以，不搞也不要紧，我（村民）照样吃饭，多少年我们都这样过来了。这些涉及农村生态文明建设的政策，似乎与他们没有任何关系。这种思想比等、靠、要的思想更符合当前大多数村民的思想实际和心理状态。村民的思想、精神状态对农村生态文明建设有着极为重要的影响，甚至可以说是关键性的因素"（受访对象 ZWM 如是说）。因而，国家在农村生态文明建设中要想方设法调动村民的积极性，让他们主动参与到农村生态文明建设中来。

第三节　农村生态文明建设政策堕距的表现

合理的社会政策制定是社会发展和变革的理论基础，社会政策能否得到较好的执行才是社会发展的现实保障，也是社会政策能否达到预期效果的必备前提。从农村生态文明建设这几年的实践效果看，存在一定程度的政策堕距（政策微效）现象，即政策实施的效果与预期目标（政策结果和政策意图）之间存在偏差。对于政策微效现象，当地老百姓用形象的语言进行描述，"中央政策传达就像陨石一样，落到地上就化掉"，"优惠政策落实到我们（老百姓）头上，渣渣都没有了"。

农村生态文明建设中提出了生产发展、生态良好、生活富裕、村风文明的四大目标。这四个目标是各地的实践指南和政策绩效评估的主要指标。下面，主要以调查点 D 村为例，从四个方面对农村生态文明建设的政策绩效的堕距问题进行分析。

一　生产发展的目标方面

农村生态文明建设在生产发展方面的具体实践主要有：扶持部分村民开办农家乐，开办旅社和发展养殖业。从目前的效果来看：

其一，农家乐是在农村生态文明建设的政策扶持下开办起来的，目前年均接待游客一万余人，年收入可达十万余元。在给开办者带来可观经济效益的同时，也产生了一些问题：目前开办的农家乐所起到的示范作用不明显，由于开办农家乐的资金投入较大，如果政府不给予大力扶持，大部分村民不具备开办能力。造成该项目没有实现带动生产发展的预期目的，其他村民也没有从中受益；村民对贷款分配的合理性提出质疑，相互猜忌。有村民反映，"他们开农家乐对我们没有好处，只对他们有利。20 万元的无息贷款给他们，老百姓一分的无息贷款也拿不到"。

其二，在发展养殖业方面，上规模的养鸡场（有专门的养鸡场和养鸡设备）有2家，养猪的只有1家。其中一家刚把鸡房建好，共投入6万元，从信用社贷了2万元，向亲戚朋友借了3万元，现在还欠1万多元的工钱。其他养鸡场也大多采取这样的筹资方式。

养猪的那家目前正面临困境：一是缺乏资金难以扩大养殖规模；二是今年养的猪都染上染上"猪瘟"，药费太贵；三是危房改造补贴没有到位。这些信息可以从我们对他家访谈后整理的资料看出：

> 受访对象NXL：我家的房子已经被鉴定为危房了，什么手续都办了，钱没拿到，被人家拿去开黑会了。都承诺，有的给7000（元），有的给4000（元），我们都办完了，一样都没见着。我家养了50头猪，前几年好养，但是没养，今年养又突然得病。你看我们家的房子，有好几条裂缝，轻微地震的时候，裂缝加宽了，我家的房子盖了18年了。我们家现在很困难，两个小娃读书，小的这个成绩还可以，大的才拿了一次奖状。小的读五年级，大的读初二。猪得病了，这些全是针水，5块钱一瓶，一盒有20瓶。打一次要100多元的打针费，加上手续费，一共要200多元。
>
> 这种病传染得很厉害，现在几乎都有，能打好，就是药太贵。我家养50多头，前天卖了3头，本来想买点饲料来催催，催没催成功，倒整得病了。我们家的厨房一直漏雨，现在不敢用了，楼杆断了。这病最近才传到这里。我们家还养些鸡，我喜欢养殖，有土鸡，有腌鸡，有人介绍来这里买，我要在这里做几辈子人，我不会骗他们的，他们又不是买一回两回。我们现在什么手续都有，还落得这种结果。
>
> 现在有的猪已经打好了，就是成本太高了，那两头猪卖卖就够买针水，一分钱也没有落得使。兽医站去拿药也得出钱，一分钱不少，现在猪价受病猪影响才卖10块钱一斤，优惠政策落实到我们头上，渣渣都没有了。得这种病的猪，脚都会出血，那些以前也是能治好的，就是治不起，请人家来打针要100多块钱，现在学着自己打。从来没学过，就学着像打预防针那样打打。
>
> 我家的猪圈是把地租给别人，别人盖的，他租用了一年，现在被病猪压着价，猪价起不来。你要不降价，他们就去卖病猪，好猪

这个价卖就亏了，都医好，还这么卖，还不如病着卖。

喂的是菜叶子，一周要200来块钱，平时的饲料主要是拉宾馆的泔水，8000元一年。现在把饲料放在菜叶子上，还要加些水，不然喂不起，原来菜是3毛钱一斤，现在7毛钱一斤。卖的那几头猪刚好够买针水。

没有办法，现在只能硬着头皮整，给亲戚朋友借一些。那天畜牧局的一个姓李的答应给一点钱，他们说他们没有资金，让我们从民政上要，民政上我们问了，最多就给两百来块钱，那就是完成任务的给点，不给点他们也不好说话。

在我们乡，最好的就是养老母猪，现在刚刚起步就是这么大个跟头，根本就没有资金养老母猪。我们乡养老母猪，发展前途最大。要是不得病，一天也能像人家打工那样挣100块钱，还可以带着养点鸡。现在一头猪也就最多能整30块钱。

我喜欢在家搞养殖，除了养猪也可以养点鸡，小孩回家也能有个照顾。你说我们这个是不是很恼火！现在这个年代还这么恼火，是不正常的。山他们也把着，卖也不卖，分也不分。应该有个政策框框来套着，要求各家把自然林保持到哪种程度，分下来砍光光，那是不对，生态会不平衡。有些地方分了开地，是因为那块地适应开地，大部分地方还是不适应开地；有些地方牛赶上去都站不住，难道他开山去站风！要根据条件来弄。

现在关键是选着村长是干哪行的，如果选着耕地的，他就会盘算着怎么耕地；如果选着经商的，他专门会忙着去赚钱。这些人么，屁都闻不着。当工人要有工资，做农民要有土地。

现在心胸宽阔的人太少了，我们用的水都被他们管着。他们用闸阀控着，就是农家乐后面的那个大水池，他们把闸阀一关，我们的水都过不来。我们这离那儿远，过去开阀也麻烦。他们关了，一点水都过不来，圈也没办法冲洗，去山上挑松毛来垫，一天挑两三转，回来喂喂猪就完了，什么事也做不了。我今年怎么那么吃亏！就看政府这块能不能帮点忙，如果政府支持，成规模地养。我对养殖业最感兴趣，因为我不识字。如果做生意什么的，我记不住，所以我对养殖业最感兴趣。经常看着它，喂猪、打针，我都愿意干。

我不识字，觉得养殖业是最现实的，还有种田地。做生意一小点马虎就会吃亏。

现在这种情况，不是上头的不了解，而是上头一来，这里早已把酒席备齐了。人家早就了解好，哪个同志有哪种爱好，人家早就搭桥铺路，红地毯都铺到家门口了。像你们这样的人太少太少了。

我们的房子都是用泥敷上去的，一地震都是酥的。今年准备说养养猪把房子整好，突然又遇到这种事。

隔壁的房子盖了将近40000块钱，100多块钱一个工。给人家100块钱最多给你砌200个大砖，还要尽心尽力地干。还有做沙灰的。现在是经济年代，不像以前亲戚朋友都帮着干。本来计划在这砌个新房把猪搬走，但是现在又遇到困难了，现在卖又卖不成，被病猪压价，前天卖的那个才8块，正常才12块，我家的小猪买的时候420块钱，养到现在才900多块钱，除了这些成本，一样都没有。

我们家要继续喂猪，现在一天全是围着猪转，晚上给猪打针一直要到两点左右，还要一头一头地去看是否正常，这种病传染很快，发现一个过天就能全部传开，有时候一两个小时就传开了，有时候要整到后半夜才睡觉。今年养猪我们家亏死了。原来在家养猪，闭着眼也能挣。今年把前两年挣的盖房子的钱都投进去了。

我们养猪一年的泔水钱要7000元，原来有水还好，现在没水，一天要跑好几趟去村里挑水，泔水是去宾馆里面拉，价高，买高了，7000元刚好够我的工资，相当于免费给宾馆干。以后要养也不能用泔水了，要弄其他东西喂。

我要写申请看看，能不能搞小区规模养殖，听说小区规模养殖能给10万的贷款。

我最喜欢养殖，火鸡、鸭子、土鸡，样样都养。我想很多办法，就是想不出来。问村上，一句话也问不出来。前段时间有一家贷4万的低利息贷款，被7家给分了。我们养五六十头猪，一分钱也没分着。我打电话去问他们："我们搞养殖的为什么没有？"他说："先前没有了解。""我都办了合同，你怎么会没了解，人家一样都没养，你怎么了解？"这个杂种，一下就把电话挂了。

我们家还会烤酒，烤酒的酒糟也可以喂猪，问题是没有资金。我家养的猪有 4 万块的信用社贷款，现在还不够，又贷了 2 万块。我这批猪还要充（催肥）两个月。这两个月跨过去……

其三，在农村生态文明建设中修建了饮水池。在修建初期，水量还是比较大的，能够满足人畜饮水；但近年来，天气干旱少雨，加上村民用水浪费，部分村民家的自来水越来越少甚至断水，饮水困难成为困扰村民日常生产生活正常运转的重要因素之一。据村民反映，"原来水大，这些年干旱。本来五月份会发山水，到处都有水哗哗淌，现在没有了，土壤没水。'冰冻三尺非一日之寒'"。还有就是"有的村民浪费水，用来浇菜。水池还会漏水，直接流走的比较多"。村民还反映，"我们用的水别人可以控制，吃水箐（的水）基本上干了，秧田箐被农家乐那几家看着。他们用闸阀控着，就是农家乐后面的那个大水池，他们把闸阀一关，我们的水都过不来"。也就是说，如果关闭水池和村庄之间的可控闸阀，水将不能达到村庄。

二　生态良好的目标方面

村容村貌的改善是"生态良好"目标的一部分，也是调查点生态文明建设中投入最多、最先开展、最先完成、也最有成效的一项工作。一方面，自上而下的农村生态文明建设实践首先在村容整洁的目标上取得了成效；另一方面，作为农村生态文明建设主体的村民也从村容村貌的改善中实实在在地体会到农村生态文明建设带来的好处。

在农村生态文明建设前，村内道路全部为土路，尤其是村内小巷道，粪堆遍地，厕所也分布在路边。一到雨天，厕所、猪圈和粪堆溢出的脏水顺山坡到处流淌，道路泥泞不堪，卫生状况极为恶劣，村民出行困难。其次，该村住宅大多为土木结构，墙壁由泥土打成，俗称老土墙，虽然有着冬暖夏凉的效果，但随着时间的推移，墙壁不免破旧，和泥泞的道路相配，更显杂乱。此外，部分家庭存在人畜混居的情况，居住环境恶劣。最后，大部分村民居住的都是老房子，院子较小，每当婚丧娶嫁的时候，来做客的亲戚朋友很多，自家院子根本容纳不下，只能分批吃饭。尤其是"到下雨天，道路、场院到处是泥巴，人不好走，车子更进不去，麻烦得很"（受访对象 ZCX 如是说）。

农村生态文明建设之后，村内主干道和小巷道的道路都被改造成水泥混凝土路面；村庄主干道旁边的房屋墙面都被粉刷成白色，在村中心显眼位置的墙壁上画上反映当地生产生活场景的壁画，村庄面貌得到改善；修建了文化活动室（公房），用于开会、办理红白喜事、接待、培训以及举办文艺活动；填埋路边简陋厕所，修建公厕；修建垃圾池，垃圾统一清理，卫生条件得以改善。总的说来，村民对村容村貌的改善是极为满意的。"建设生态文明，路修好，环境好，有垃圾池，垃圾直接运走，公厕也有了，我家过年不要的垃圾，直接放垃圾池，村长直接安排人拉走。承包给村民了。还有一个好的，就是盖了公房，哪家有事就有地方办了"（受访对象 LXF 如是说）。

当然，用于村容整洁的资源在分配上是有所侧重的，比如说，处于村子显眼位置的道路和墙壁都修饰一新，而部分离街心相对远的房子还是老样子，因而"那些离街心远的有点不满意，路远，抓不着，墙也没有粉"。未被惠及的村民也有反映。

> 受访对象 YPZ：生态文明建设主要是在大路边搞，我们这一样都没搞，外头过路的看着好就是生态文明建设，我们看看还是老样子，没有多大变化。但有这样怨言的毕竟是少数，绝大部分村民还是认可政府在村庄卫生环境和居住条件改善上所做的努力的。

三　生活富裕的目标方面

调查点大部分村民仍然延续了以农业为主的生产方式，作物种类、耕作方式都没有发生变化，收入状况较农村生态文明建设前没有多少改观，主要体现在以下几个方面：

其一，烤烟种植仍然是重要的经济来源，然而，由于近年来烤烟生产实行限量压价政策，村民在烤烟上获得的收入反而不如 2015 年以前。所以，部分村民的收入不增反降。以 2016 年为例，受合同限制，平均每户村民仅能卖烤烟 300 公斤左右，在我们访谈的 15 户村民中，有 13 户种植了烤烟，但是他们均表示"合同不够"，仅有一部分烤烟卖到烟站，剩下的都卖给小贩。

受访对象 NDS：去年（2016 年）烟不好卖，合同少，每家合同大概 300 斤。（我家）栽了 6000 棵烟，卖了 5000 元，合同少，只卖了 500 斤，其中自家有 300 斤，200 斤是租地所得的合同。另外，四家（有的是三家）统一（合用）一张卡。卡在烟站手里，卖的时候卡不拿给个人，我们虽然有个合同，但是控制不了。卖的快的，就先把合同卖掉。有些卖晚的，烟就卖得相对少。还有村民反映，卖烟斤头还会被宰掉，100 斤还被宰掉将近 20 斤，烟在家称完了，到烟站称完，打出单子就少掉。（我们）也没有追究这个事，追究也没有作用。

其二，生活水平出现两极分化的现象：一极是极少数脱离或者部分脱离农业生产的家庭，收入不再依靠单一的农业生产，通过开办与乡村生态旅游相关的产业或者打工实现了收入的较快增长，这些家庭大都购置了冰箱、洗衣机，安装了太阳能，生活水平显著提高；另一极是占大多数的仍然以农业生产为主要收入来源的家庭，收入水平仍然低下，生活状况和以前相比也改观不大，有的家庭甚至家徒四壁。访谈期间，有村民说，"（农村生态文明建设）对生活上、经济上都没有哪样影响，只是水泥路好走，望着好瞧"。

四　村风文明的目标方面

1. 在制度建设和组织上

在农村生态文明建设中以创建"美丽乡村"为载体，成立"创建美丽乡村领导小组"；制定村规民约，提出了遵守国家法律、爱护公共设施、保护自然环境和资源、维护公共卫生以及树立良好民风等方面的行为规范；成立"妇女之家"，并以此为依托，组织妇女进行技能培训、法律知识学习及各种宣传活动，指导和推进家庭教育，倡导文明、健康、科学的生活方式，发动妇女投身农村生态文明建设；组建由妇女之家成员负责的环境卫生监督管理小组，对全村的环境卫生进行监督检查。

2. 具体实践及面临的问题

（1）以妇女之家为依托，组建文艺队，自编自演歌舞，既丰富了村民的业余生活，也宣传了乡村文化。"文艺队经常到乡上、到各村去表演，主要是本地歌舞。每到节日期间都要有演出，有时还到其他小组去演出，有些地方的老百姓，尤其是年纪大点的，很喜欢看我们演的节目。也算是慰问演出，同时也宣传了地方文化。文艺队的队长是村民 HCX，负责找（组织）人，村民 WJL 负责排练，他会编剧本，会吹乐器，会编舞蹈、小品。在每年二月初一前，专门有几天要进行排练。镇上有时候也会请文体局的老师来给排练。搞这种活动是自娱自乐，很有意思的"（受访对象 WKX 如是说）。问题是，"现在会的人不多了，跳三弦的人也不多，年轻的基本不会"。另外，"现在人心散了，年轻人都出去打工了，见不着，组织不起来了。还是我们这些中年人在接着弄，过几年我们就由中年队变成老年队了"（受访对象 WKX 如是说）。

（2）随着市场经济向山村的渗入，村民的思想观念发生了变化，该村原来纯朴的民风、和谐的邻里关系正在受到冲击。

> 受访对象 ZXE：（我们村）民风好，没有贼，什么东西放路上都不会丢，安全的很。原来刚分到户的时候，关系好的两家，互相并起来，这家（的事）做完，做另一家的，轮着干，属于小集体、小互助。但是经济时代就讲经济，现在的人，比前几年是有点自私。办公益事业，不给钱（就）不会来（参加）。比如说打街心，都要承包出去。现在什么事都要讲经济。这主要是因为这几年经济好搞，打工的到外地去，最低一百元一天，谁也不想着公家的事。

五　"试点村"的带动作用方面

试点村的意义就在于为农村生态文明建设树立学习标杆和样板，然而，从目前试点村的带动作用来看，存在一定程度的失范失效现象。

失范失效是指根据一定标准选择作为"试点"的试点村没有起到带动作用或者带动作用不明显的情况。选点往往是利益博弈的结果，被选择作为试点村能得到国家的资金扶持，而未被选中的非试点村却得不到任何扶持，资源分配存在不公平的现象。试点村利用国家划拨的资金"大兴土木"，非试点村却得不到任何改善。更为严重的是，试点村往往自身的基础就比较好，而非试点村却较为贫穷，试点村经过生态文明建设得到好的发展机遇，而非试点村原地不前，甚至出现倒退的现象。所以说，经过生态文明建设，人为地制造了村庄之间的二元对立，社会公平与公正的发展理念受到挑战。在对村民进行的问卷调查中，有较大比重的村民对生态文明建设试点村能否起到带动作用产生了怀疑，在回答该问题的 194 人中，有 33.5% 的人认为"试点村"的示范带动作用不大，5.7% 的人表示其没有示范带动作用，而表示有示范带动作用的占到 59.8%，另有 1.0% 的人认为"试点村"的设立反而引发出新的矛盾来。

调查过程中，我们还对 40 名乡镇基层干部进行了问卷调查，结果显示，39.6% 的人认为试点村有很好的带动作用，而认为带动作用不太大的占到调查总数的 49.6%。

访谈中，部分村民和村干部也表示了对农村生态文明建设带动作用的怀疑和对农村生态文明建设前景的担忧。

> 受访对象 LWX：农村生态文明建设，国家唱唱是只要一句话，唱出去是容易，但是实际要办成，是个很难的事。因为国家这么大，农村这么多，你要抓到群众搞，不全面调动村民的积极性，是很难办。现在国家对下面的情况也是捉摸不透，国家也是在试点，就是试试看，示范示范。根据我的判断，这个农村生态文明建设，前面搞了的就搞了，以后还是不行，可能马上就要结束。就是地方的干部也搞烦了，一个命令来了，乡里、县里的干部，鞍前马后，跑得忙得不可开交，县里还要有相应的配套资金。

农村生态文明试点村建设失范失效还表现在资金支援不足，以致基础设施建设难以全面展开，建设项目较少，且质量得不到保障。而国家资金投入是有限的，如何筹措资金是巩固好农村生态文明建设已有成绩的重要工作。

> 受访对象 LJF：有些其他村的农村生态文明建设，由于资金不足就只搞了一条路。如果全国普遍搞这个农村生态文明建设，要花好多的资金。所以只能是自己搞，上面给一些资金补助。农村生态文明建设要分期分批，不可能一下子就可以完成，就是搞了农村生态文明建设的地方还有很多的事要做。由于村里外出劳动力多，村里

要找人做事也比较难找。

受访对象 ZWM：从这种现状看，农村生态文明建设这种模式还是不行，完全取决于国家的扶持力度，靠国家来推动，国家拿多少钱，村里就做多少事。但是，全国这么多的村庄，如果所有的村庄都由国家拿钱来搞，恐怕这个东西很难办。如果说，你把问题向这方面去考虑，我认为中国的这个农村生态文明建设还不合时宜，因为人的思想还不够，还没有到要搞农村生态文明建设的这种程度。一旦动手搞，就会出现方方面面的问题，而且还是致命的。

关于农村生态文明建设后期管理需要国家的资金投入，同样需要建立继续巩固和推进农村生态文明建设的长效机制，包括村庄环境卫生管理机制、村民集资机制、村干部激励机制、村民动员机制等。当然，对于农村居民来讲，生产发展和生活富裕是最实际、最应该完成的目标，因而，想方设法扶助农民发展生产，切实提高农民生活水平，是后续农村生态文明建设的关键内容。

受访对象 NTY：开始搞农村生态文明建设的时候，村民还是比较齐心的，但时间长了事就难做。打天下容易坐天下难，农村生态文明建设的面貌要保持下去，建立长效机制就是一个难事。加上当前村里没有固定的收入，做什么事都要村民集资，都要向村民收钱，这样不管是什么事都是很难办的。要是再过个几年上面没有钱拨下来，村里的事又没有人管，到时又是杂草丛生，垃圾遍地。作为村干部都是种田人，为别人做事、为村里做事，是很容易得罪人的事。村里的理事会成员、生产队长，都是没有报酬的。如果为村里做事，村干部耽搁了工，就按村里投工计算，到年终时处平衡账，村里又没有钱，到时候的误工工资还要向村民去收，很难办。特别是当前的农村生态文明建设过程中，很多工作都要村干部去做，有的时候是左一下、右一下，零碎的事，如果不是一整天的事，又不好记工。但对于家里农业生产来说，如果农活忙的话，耽搁农活就会影响家庭收入。农村不像城里一样什么事都有单位给安排好，农村不同，集资也难。如村民活动中心，刚建时还好，没有多少时间，现在就是脏得很，烟头满地都是，都没有人管。今年村里的理事会会长都没有人去做。现实一点，只有村里的路还是比较实用的。

受访对象 LC：上面的领导对农村生态文明建设重视是个好事。关键是后期管理工作长效机制的建设，如果上面不再搞的话（不再有什么投入的话），村里的环境卫生、村庄整治工作都会遇到较大的麻烦。因为这个工作是长期性的，要人力，要劳动投入，而村民并不听话，大多数的时候只有村干部上前做事，如果上面有一笔资金管理费，这倒还差不多。

受访对象 HLB：农村生态文明建设试点村大多选择在县城或中心城区近郊条件相对较好、历史上就是各类典型试点村或"红旗村"，这些老典型经济基础好，很多工作已经标准化、模式化，什么工作都可以带个头，换个名称，加挂一块农村生态文明建设试点村的牌子就行，但是实际上却没有起到带动作用，在人民群众中造成了不好的影响。

第四节　政策堕距的原因

政策堕距包括上向堕距和下向堕距。政策上向堕距主要表现为政策文本与政策目标之间存在差距；政策下向堕距主要表现为政策执行情况与政策文本之间出现差距。政策堕距最终导致的结果是农村生态文明建设的政策绩效达不到预期目标。造成政策堕距的原因是多方面的，下面就政策上向堕距和政策下向堕距的原因进行分析。

一　政策上向堕距的原因

造成政策上向堕距的因素主要有两个：一是政策文本传递过程中的失真。农民对农村生态文明建设认识的途径主要是通过各级政府自上而下的传递和宣传。由于农村生态文明建设政策在传递过程中出现失真的情况，关于这一点前面已有阐述。中央政策传达到基层政府再到农民，经过了一层一层的修改，如果把握不好，到达农民手中的农村生态文明建设政策文本就会和中央的本意有出入了；二是目标群体（农民）对农村生态文明建设政策认识的片面化。由于农民不大关注上级政府对农村生态文明建设的解读，关注重心往往放在本村实实在在的农村生态文明建设项目上，而对相关政策的了解只要看看村里的工作计划、经验总结和相关解读就可以了。况且，有些基层政府本身就已经把农村生态文明建设政策的本意片面化了，这在农民当中不经意间就造成了一种"不良示范"。所以说基层政府如何理解农村生态文明建设政策，村级农村生态文明建设工作计划如何表述，村民就会形成什么样的政策认知，从而造成了对农村生态文明建设政策的错误解读，出现上向堕距。

二　政策下向堕距的原因

（一）农村生态文明建设实践机制不完善

农村生态文明建设实践机制不完善主要表现在以下几个方面：

1. 农民参与机制欠缺

广泛的社会参与是农村生态文明建设有效推进的基础，2015 年 4 月出台的《中共中央国务院关于加快推进生态文明建设的意见》指出，加强生态文明建设要鼓励公众积极参与。本来农民理应成为农村生态文明建设的主要参与力量。但是，自上而下的社会政策执行机制加剧了农民和政府部门的二元对立，农民和政府部门的互动较少，有的地方基本处于停滞状态，直接导致了农民参与的三大表现：非制度化参与、被动地制度化参与和不参与。农村生态文明建设中，农民参与热情不高，参与意识不强，出现被动制度化参与和不参与的情况，最根本的原因就在于农民和政府部门之间互动较少，相互信任的基础还未建立。

2. 监督控制机制形式化

监督控制贯穿于社会政策制定、执行、评估的始终，是政策目标得以实现的必要保障。通过监督控制可以较为清楚地了解到政策实施的进展情况、面临的问题及社会效果。社会政策行动是一个动态的过程，随着社会环境和人的观念的变化，社会政策行动方案也需要不断作出相应改进。学者叶大凤指出："对公共政策监督控制既可能减少从方案到执行之间存在着许多不确定性，又可能对政策执行出现的新情况和新问题及时采取措施进行调整和补救。"① 人大是政府部门的监督机构，在中国

---

① 叶大凤：《公共政策执行过程中的"过度偏离"现象探析》，《广西大学学报》2006 年第 4 期，第 41 页。

农村的基层，本来镇政府是要对镇人大负责的，但现实却不是这么一回事，镇人大在基层政权中的权力最小，作用也不大，处于一种可有可无的尴尬境地。造成这种困窘状态的原因是：镇人大没有人事任命权，也不具有对政府部门的制约和实际监督能力。在实践中，由于政府主导着整个进程，从而出现政府自我决策、自我管理、自我监督的情况，相应的监督控制机制还不完善甚至未建立，即使建立也处于形式化状态中。相应的监督机制监督能力的不足最终导致政策执行难以到位。

3. 绩效考核机制片面

绩效考核结果是对政策设计合理性的检验，现代社会需要科学的绩效考核机制对社会政策实践的效果进行评价。在农村生态文明建设中，存在两种情况，要么缺乏绩效考核机制，要么绩效考核机制不健全，出现"政绩化"倾向。目前参与乡（镇）绩效考核的工作人员大多数是外行，考核的结果难免会出现客观性和科学性不足的问题。另外，基层的官员任命主要是由上级主要领导说了算，为了得到提拔和重用，导致大多地方的绩效考核重政绩不重实效，重眼前利益忽视长远利益，甚至不按规律办事，盲目上项目，使农村生态文明建设成为"政绩工程"和"面子工程"。

（二）农村生态文明建设实践的资源供给不足

社会政策资源是指维持社会政策行动所需要的各种物质条件和社会条件①。

物质条件主要是指资金的投入，这部分工作主要由政府来完成；社会条件主要包括社会网络、社会政策运行机构的设置以及社会政策执行人员能力的提升等。在农村生态文明建设中，资源的供给不足主要表现在以下几个方面：一是融资渠道单一。农村生态文明建设资金主要来源于政府划拨，而社会捐赠的资金只在少部分具有一定社会资源的村庄才会出现。二是农民社会资本和社会网络建构的缺失。社会资本对人们经济和社会活动的能力具有重要影响，农民作为相对弱势的群体在农村生态文明建设中不仅仅需要物质资本和人力资本，而且需要大量的社会资

---

① 关信平主编：《社会政策概论》，高等教育出版社 2009 年版，第 98 页。

本。然而，农民的社会网络资源是极为匮乏的，他们在乡土社会中过着相对闭塞的生活，和外界的交流较少，没有能力参与更广泛的社会行动。三是政策执行力不足。就如学者王杰敏指出的，主要表现在政策执行机构及人员权威不足、政策执行人员知识能力和职业素质偏低、农村基层组织机构整合能力缺乏三个方面①。

（三）基层政府（官员）在农村生态文明建设实践中出现问题

其一，在建设中"避重就轻""避难就易"。部分基层官员由于对政策缺乏透彻理解力和准确分析力，相应地，对政策的执行力也大打折扣。在农村生态文明建设中，不敢打硬仗，逃避困难，依葫芦画瓢，认为"修修路、刷刷墙"就是农村生态文明建设。其二，在工程建设中注重外观建设不注重内涵建设，搞"面子工程"，使农村生态文明建设的本意走样。其三，资源分配上存在人情化现象。中国是一个人情社会，这在农村生态文明建设中也大量呈现出来，如乡村生态旅游公路修建、沼气的修建、改厕工程等，造成不良影响和资源浪费。受访对象NXL反映："什么是试点，我也不知道。就像前面那人说的，我们这当官的是传统型的，有什么好事，你这些人一样都闻不着，他家那个家族就占了三分之一，你这些人再怎么团结也挤不上。他家的户数没法说，姑娘嫁出去，七连八扯的，他们都围成一圈，外面的加不进去，外面的如果要你看看山、扫扫厕所、弄点低保，那还是沾关系的，不是嘛，你根本整不着。"这个问题在问卷调查中也有反映。在对"非试点村民认为本村未被选为试点村的原因"的回答中，有31.6%的人认为原因在于上面没有关系。其四，农村生态文明建设试点村选择的嫌贫爱富，导致"穷则越穷、富则越富"。这一点在调查中也得到了印证。在对"认为本村被选为试点村的原因"这一问题的多项选择中，有59.4%的村民认为是地理位置占了优势，33.3%的村民认为本村的经济条件不错。

（四）目标群体（农民）利益表达能力弱和表达渠道缺失

农村生态文明建设涉及各建设主体之间的利益博弈。由于农民组织化程度低，致使农民在利益群体博弈中处于弱势，严重影响到他们的利

---

① 王杰敏：《农村政策执行的制约因素及对策探讨》，《北京航空航天大学学报》2005年第2期，第38页。

益表达能力和利益表达渠道，最终造成农民在生态文明建设中的参与度严重不足，影响政策的执行，在缺乏矛盾缓和机制的情况下，还会出现对农村生态文明建设的抵制行为。

第九章

农村生态文明建设的多维视角

　　农村生态文明建设能否取得实际绩效，不仅仅取决于政策设计、政策的被认知、政策的实践机制状况，其关键的前提条件还取决于政策设计者和政策实践者的思维、思路。思维决定思路，思路决定出路，因此，农村生态文明建设需要思维转换。本章主要从以人为本的价值理念、社会工作的优势视角、参与式发展、社会资本和社会评价等方面对如何建设农村生态文明进行理性思考。

第一节　坚持以人为本的价值理念

一　以人为本概述

　　"为什么人的问题，是一个根本的问题、原则的问题。"① 这是任何个人、任何政党都不能回避的问题。毛泽东在长期领导革命斗争和党的建设的实践中，深入论述了为人民服务要有热爱人民的感情；要做到完全彻底、全心全意，而不能半心半意、三心二意；要有马克思主义的群众观点和群众路线的工作作风；要关心群众生活，注意工作方法，解决群众的切身利益问题；要把人民群众的当前利益和人民群众的长远利益结合起来；要懂得对人民群众负责和对党的领导机关负责的一致性；要代表中国人民的要求，就要解放和发展生产力，发展中国人民的新文化；以及要为了人民的利益坚持真理、修正错误等一系列重要原则问题，从

---

　　① 毛泽东：《在延安文艺座谈会上的讲话》（1942 年 5 月），《毛泽东选集》第三卷，人民出版社 1991 年版，第 857 页。

而形成了中国共产党丰富的为人民服务的思想。

邓小平强调中国解决所有问题的关键是要靠自己的发展。而发展的根本目的，是为了人民。"三个代表"重要思想的本质，就是立党为公、执政为民。胡锦涛提出了问政于民、问需于民、问计于民等一系列新鲜的重要观点。近年来，习近平作了创新性发展，提出要以人民为中心的核心理念，提出了"时代是出卷人，我们是答卷人，人民是阅卷人"① 的鲜明观点。这就告诉我们，以人为本中的"人"最基本的含义是指最广大的人民群众。如果不是这样地认识问题，就曲解了以人为本的基本含义。

在人与自然关系的问题上和某些社会政策的层面上，以人为本的含义也包括以所有人为本、以"人人"为本，即这里所说的"人"，也包括了"所有人""一切人""人人"。这同以人民群众为本的基本含义并不是截然对立和排斥的。如目前日益受到人们关注的生态文明建设和环境保护问题，就是涉及人和自然关系统筹人与自然和谐发展的问题。在这里，人与自然关系中的以人为本，可以说即是以人类为本。因为遏制和扭转生态环境恶化的趋势，将会惠及每一个人以至子孙后代。就某些社会政策而言，如在社会公共产品的生产目的上，应当是为了所有的消费者，为了现实生活中一切有需求的人。在抗击重大灾害、抢险救灾、救死扶伤的问题上，无疑要把救人放在第一位，救治每一个有生命的人类个体等。

从以上的分析中可以看出，以人为本的理念是建立在唯物史观的基础之上的。它深深扎根于人民群众是历史创造者、是社会主体的理论沃土中，对以人为本执政理念中的"人"无论作何种意义的理解，其所说的"人"都是指现实的、具体的人，是处于一定社会关系和历史发展中的人，而不是孤立的、抽象的"人"。

二　把以人为本理念贯彻到农村生态文明建设实践中去

农村生态文明建设作为国家针对目前农村经济社会发展、环境保护

---

① 中共中央宣传部：《习近平新时代中国特色社会主义十三讲》，学习出版社2018年版，第90页。

和生态治理进行的政策设计，以人为本就是要把农民作为建设农村生态文明的出发点和归宿点，充分考虑村民的生产生活方式、文化习俗、风土人情，尽可能保障村民在农村生态文明建设实践中所享有的参与权、话语权、决策权，并通过技能培训等方式为村民增权赋能。唯有如此，农民群体的主体意识才能充分唤醒并转变为自觉行动，政策设计的初心才能得以体现，建设目标才能得以达成。但在调查中有些情况并没有体现以人为本的精神。

受访对象 NXL 就说过：我最喜欢养殖，主要养猪，还养番鸭、土鸡。现在还养着五十多头猪。问题是猪得病了（猪瘟），这种病传染得很厉害，现在几乎（每头猪）都有病，能治好，关键是药水太贵。打一次要 100 多元的打针费，加上手续费，一共要 200 多元。为了省钱，我学着自己给猪打针，现在一天全是围着猪转，晚上给猪打针一直要到两点左右，还要一头一头地去看是否正常，这种病传染很快，发现一个过天就能全部传开，一两个小时就能传染开，有时候要到后半夜才能睡觉。猪喂的是菜叶子，一周要 200 块钱，平时的饲料主要是拉宾馆的泔水，8000 元一年。现在把饲料放在菜叶子上，还要加些水，不然喂不起，原来菜是 3 毛钱一斤，现在 7 毛钱一斤。卖的那几头猪刚好够买针水。现在没有办法了，只能硬着头皮整。那天畜牧局的一个干部答应给一点钱，他们说他们没有资金，让我们从民政上要，民政上我们问了，最多就给两百来块钱，那就是完成任务地给点，不给点他们也不好说话。

第二节　坚持从缺乏视角向优势视角的思维转向

一　缺乏视角

缺乏视角（lack perspective）是指看问题总是关注不足和缺陷①。在缺乏视角的视域下，农村生态文明建设中发生的问题本身成为关注的焦

---

① 张和清、杨锡聪、古学斌：《优势视角下的农村社会工作——以能力建设和资产建立为核心的农村社会工作实践模式》，《社会学研究》2008 年第 6 期，第 176 页。

点，习惯于就问题谈问题，并据此设计解决问题的方案。比如在梳理关于农村生态文明建设实践问题的相关文献的过程中发现，有很大部分论文都谈到了农村生态文明建设中出现的如下问题：农民环保意识淡薄；农民价值观出现偏差；农民素质有待提高；主体法治理念缺失；法律规范体系不健全；法治实施效率低；法治监督体系不严密等。本书根据这些问题，从缺乏视角提出了应对之策，比如以加强基础设施建设来应对交通不便的问题；以增加教育投入来应对农民文化水平低的问题；以加强现代公民教育来应对自给自足的小农思想；以守法守纪教育来应对社会治安不稳定的形势；以增加环境治理投入来应对不断恶化的环境；等等。就这种提出问题和解决问题的方式看来，"作为主体的农民被客体化了，他们的主体性、优势、能力和资产等被忽视了"①。

据调查可知，政府官员、乡村干部看问题的视角就属于缺乏视角，他们中的大多数把农村生态文明建设中碰到的问题归结于农民本身的原因，即农民素质较低、集体观念淡薄。

      有受访者谈道：因为一个村里不同村民家庭环境不同、富裕程度不同，在筹集项目建设资金的时候就会产生少数人因为家庭经济困难没有能力集资，也有一部分村民不愿集资。因为，农村基础建设集资时，村民的想法是不同的。从人的本性来说每个人都是自私的，他们都会从对自己利弊、爱好出发，去权衡自己对项目建设的热情。比如说，修村庄的道路，或是一条水泥路，因为村民家离路的远近是不同的，加上以前的村庄房屋建筑基本上是杂乱无章的，同样一条村中的水泥路或是村中的环村路，对每户村民的受益程度是不一样的，如果完全是由国家投资建设，这样即使受益不大的村民也没有什么意见，但如果说是要村民自己筹集资金，受益少的村民就不愿意。

      还有受访者认为：现在国家有很多的补助资金，相对来说国家要求的义务比以前少得多了。所以，现在的老百姓只知道权利，并不知道他的义务。只知道要国家的，但不知道为国家分忧。该要的

---

① 张和清、杨锡聪、古学斌：《优势视角下的农村社会工作——以能力建设和资产建立为核心的农村社会工作实践模式》，《社会学研究》2008 年第 6 期，第 178 页。

他就要，但是该要出的，要承担的义务他就不管。这也是制约农村生态文明建设的一个重要因素。搞美丽乡村，开始的时候，认为上面有钱给村里，他们都愿意搞，但是慢慢地在实施过程中有很多事牵涉到村民个人的利益，有的时候要村民做一点让步，这个时候很多的问题就来了。因为国家用对农村生态文明建设的投资，修了路、改了厕、改了水，之后村民认为现在可能就是这个样子，国家不可能长期给钱。所以村民也就无所谓，做事就没有刚开始的时候那么积极。反而会给村里的组织人为难。

对基层干部问卷调查的结果也反映了缺乏视角的思维方式，当问到"'生态良好'的目标主要依靠什么"的问题时，有 49.1% 的人认为主要靠农民自身素质的提高，而认为"生态良好"的目标主要依靠"政府统一规划""投入资金"的分别占调查总数的 23.7% 和 13.6% 。

更为严重的是，村民对于自身主体地位的认识也不明确，在问卷调查的 194 位村民中，有 41.2% 的人将政府当作农村生态文明建设的主体，15.5% 的人觉得农民是主体，把民间组织看作主体的占 2.6% ，而有 40.7% 的人认为农村生态文明建设的主体应当是"三者结合"，认为政府是农村生态文明建设主体的人明显多于认为自己才是农村生态文明建设主体的人。

二　从缺乏视角转向优势视角

缺乏视角以问题为本，忽视了人具有改变自我的潜能。而优势视角认为，每个人都有能力去改变农村生态文明建设中出现的问题，因而问题的关键不是关注问题本身，而是如何提高村民自我提升、自我发展的能力，最终达到社会工作所倡导的"助人自助"的目的。

优势视角具有以下四个核心理念：一是增权（empowerment），也被称为"赋权""增能""充权""促能"，是指提升权力[①]的目的和过程，

---

　① 权力是指人们所拥有的能力。但值得注意的是，这种能力不仅表现为一种客观的存在，而且表现为人们的一种主观感受，即权力感。正是这种权力感可以增进人们的自我概念、自尊、尊严感、福祉感及重要感。参见陈树强《增权：社会工作理论与实践的新视角》，《社会学研究》2003 年第 5 期，第 71 页。

即个人、小组、家庭和社区获得权力、接近资源，以及控制他们自己生活的过程。二是成员资格（membership），每个人都是社会中的一员，生来都是有用之才，都有追求美好生活的本领，社会有责任使每个人的潜能发挥到极致，也有义务使他们的需要得到满足。获得成员资格、享有参与权等是赋权的开始。三是抗逆性（resilience），人们碰到困难和挑战时会奋起反抗。四是对话与合作。基于以上核心理念，塞勒伯提出了五个伦理原则：（1）每个个人、团体、家庭、社区都有自身的优势，关注其优势是开展工作的前提；（2）个人面临"危机事件"（如创伤、疾病、虐待等）和为生活而抗争时具有抗逆力，即使在痛苦之中，他们也期待取得成就；（3）与案主平等地合作，才能更好地为案主服务，我们应该抛弃专家和专业人员的身份，与案主建立一种"伙伴"关系；（4）所有的环境都充满资源。无论环境如何艰巨，它怎样来测试居民的勇气，都可以被理解为是一种潜在资源；（5）注重关怀、照顾和脉络。通过关怀、照顾来树立希望，并在社会互动中来加强希望①。

当前，农村生态文明建设仍然没有摆脱传统的自上而下建设模式和以问题为本的思维模式，没有真正实现"以问题为本"向"以人为本"的转变。农村生态文明建设政策文本和实践效果之间出现了差距，造成政策堕距。从现实的农村状况来看，自上而下的建设模式难以对农村社会的生态发展产生持续性的影响，难以满足农村生态文明建设政策设计的初衷，甚至引发了一些新的问题，如社会公平与公正、乡民关系的倒退等。因而，从缺乏视角向优势视角的转化已经刻不容缓。

首先，在理念层面，认识到农民在农村生态文明建设中处于主体地位，专注于农民和农村的优势和资源，而不是其不足和缺陷。农民有改变自身现状的潜力，外界力量主要是激发其潜力，形成能力，以此面对农村生态文明建设过程中可能遇到的种种困境，为此要多听农民的心声，尊重农民的意愿和想法，和农民进行广泛的交流与对话，在此基础上，和农民一道提出建设方案，最终实现"以问题为本"向"以人为本"的转化。

---

① 参见塞勒伯《优势视角——社会工作实践的新模式》，李亚文、杜立婕译，华东理工大学出版社2004年版，第14—24页。

其次，在政策设计层面，一是要改变传统的自上而下的政策传达机制，减少政策传递过程中出现的信息失真问题，实现中央政策与政策对象的良好对接；二是要坚持政策设计的科学性原则，所谓科学性，意味着政策设计是在广泛调研、多方论证的基础上根据农民意愿完成的；三是要坚持政策设计的开放性原则，在中央政策核心理念的指引下，各地各村可以根据自身的实际情况创造性地开展农村生态文明建设工作，改变过去很多地方单一模式的做法。调查中有人认为，"农村生态文明建设很难达到实际的效果，我们镇里的干部也只是为了跟着上面走，县里是怎么安排，我们就怎么做，其实很多事都做不到，我们没有多少自主权（受访对象 ZFX 如是说）"；四是要坚持政策设计的可操作性原则，主要是增强政策文本表述的清晰度和可接受性，让农民能听懂、能理解，使政策设计真正面向农民，而非像过去那样面向政府；五是要建立科学的政策绩效评估与反馈机制，农村生态文明建设的政策设计经过具体实践达到了什么样的效果，需要通过建立完备、准确的政策评价指标体系来进行评估，并在评估主体上引入村民为主、政府和专业人员为辅的做法，改变过去政府单一评估的做法。此外，政策设计不是一成不变的，它要根据社会环境的变化而作出调整，调整的依据是什么呢？除了政府、专家或一些专业机构之外，更应该关注农民对农村生态文明建设成效的反馈，因为农民才是农村生态文明建设中最有发言权的群体。

最后，从实践层面，改变过去问题为本的做法，从农民自身的优势出发，以农村生态、环保、可持续发展和重视农民能力建设为主线，更多地考虑社会工作的介入方法，以充分体现"以人为本"的基本理念。当意识到需要村委会层面介入时，就不失时机地召开动员会、举办村民活动、开展生态文明知识教育等；当意识到需要村小组层面介入时，就立即召开村民小组会，形成小组动力，使小组成员在互动中得以成长起来；当意识到需要对个人加以跟进，开展交流谈心时，就抓紧时间展开个案工作。

第三节 坚持参与式发展的新路径

参与式发展作为一种新理论兴起于 20 世纪 70 年代，它是在传统复制式发展模式带来一系列社会危机而提出的新的发展理念。参与式发展就是指把发展看作是过程，尽可能让相关利益者诚心参与到发展项目的设计、实施、评估、管理中来，以人为本、弱者优先、全员参与、自下而上是其主要特点。多年以来，世界银行、联合国开发计划署、联合国人口基金会、世界自然基金会、亚洲银行、福特基金会等组织在中国所资助的农业项目、林业项目、环保项目、社区综合发展项目等通过参与式发展也取得了较好的成效[①]。参与式发展看重项目参与者通过能力提升主动参与发展的全过程，并对获得的发展项目拥有当仁不让的决策权，而不是走相反的路子让受益方被动地去接受援助，在这一点上该理论与优势视角以及增权理论的核心理念一样表达了近似的发展逻辑。"参与实质是个决策的民主化过程，即从资金、权力等资源拥有者（传统决策者）那里分权，或赋权给其他相关群体，以便在多方倾听中求得决策的公正与科学"[②]。

　　当前，作为一种与参与式发展理论相呼应的新的研究方法——参与式农村评估方法 PRA（Participatory Rural Appraisal）被广泛运用于农村发展项目中。通过运用 PRA，有利于在较短时间内（相对于传统田野调查）了解清楚村庄资源状况、发展现状、农民参与意愿，并评估其发展优势及发展路径。

　　参与式发展在农村生态文明发展中的应用被称之为参与式农村生态文明发展，之所以称为"参与式农村生态文明发展"而不叫"帮扶"，是因为"参与"本身就体现了一种价值导向，它注重发展过程中每一环节每一领域村民的实质性参与程度，从而赋权农民，增加农民满足自身基本权利（如可持续生计、基本公共服务与社会保障、平等参与社区农村生态事务等）的能力，并通过提升农民的各方面能力来保证农村生态文明发展的可持续性。其实，参与式农村生态文明发展除发展生态经济外，还涉及社会、社区、权力结构等方方面面的改进与完善，这就使其同

---

　　①　周大鸣、秦红增：《参与式社会评估：在倾听中求得决策》，中山大学出版社 2005 年版，第 26—27 页。

　　②　周大鸣、秦红增：《参与式社会评估：在倾听中求得决策》，中山大学出版社 2005 年版，第 43 页。

"帮扶"有着本质上的区别。

为此，我们可以把参与式发展在农村生态文明建设中的运用称为参与式农村生态文明建设，突出农民在农村生态文明建设过程中的主动参与，通过给农民赋能，提升农民满足自身需要、获得自身发展的能力。按照农村生态文明建设中"生产发展、生态良好、生活富裕、村风文明"四大方面的总目标和总要求来看，参与式农村生态文明建设意味着要让农民积极参与到整个农村生态文明建设中来，通过能力提升，逐步改变过去那种由政府单一主导的模式，要让农民真正成为农村生态文明建设的生力军和主力军。在大力推进参与式农村生态文明建设过程中要着重关注以下几个方面。

一　始终维护农民的主体核心位置

当前在关于谁是农村生态文明建设主体的问题上，仍然存在理论界定与实践操作的错位。就理论层面来说，不管是政策制定者还是理论研究者，大部分还是比较认可农村生态文明建设的主体应该由农民、政府以及民间组织构成，与此同时，他们也强调要保持农民在多元主体中占据核心位置，即农民不仅仅是农村生态文明建设的受益方，还是农村生态文明建设过程中当仁不让的核心力量；就实践操作层面来看，在推进农村生态文明建设过程中往往会出现政府主导过度、农民参与积极性不高的问题，政府成了农村生态文明建设的主体力量，农民反而成了配角，被当作是被动接受者甚至是旁观者。通过调查发现，大多数村民认为农村生态文明建设不是他们的事，自己在其中没起多少作用，建设项目被承包出去，如果是村外面的人承包，都免得他们出工出力。农村生态文明建设就是村干部在领着搞，具体情况只有他们知道，我们什么也不清楚，钱怎么花，花了多少，还剩多少，村民都不知情。从现状来看，"农村生态文明建设这种模式完全取决于国家的扶持力度，靠国家来推动，国家拿多少钱，村里就做多少事。但是，全国这么多的村庄，如果所有的村庄都由国家拿钱来搞，恐怕这个东西很难办"（受访对象 ZWM 如是谈到）。另外，民间组织在农村的发展状况不是很好，数量少质量也不高，早期成立的民间组织也没有什么话语权，只不过是被当作宣传鼓动的工具罢了，很难真正发挥政府和村民之间的桥梁纽带功能。有鉴于此，参与式农村生态文明建设模式必须改变目前由政府单一主导的模式，要真正做到还权于民、赋权于民。当设计项目的时候，应该召集政府、专家、民间组织、村民一起参与调查、共同讨论，最后还是要由村民作出决策。总的说来，在设计农村生态文明建设项目的时候，首先要确保大部分村民在知情状况下的参与以及能够明显地接受主要的决策结果，当受到外部力量干预影响到村民正常的生产生活的时候，一切行事方式必须征得村民的同意。

二　应重视农民固有的乡土生态知识

由于不同地区所处的生态环境和对生态环境资源的认识、利用不大一样，因此，在生态文明建设大背景下的谋生方法和手段自然也就不一样，由此反映出来的乡土生态知识就更不一样。如村庄生态环境治理中的乡土知识、生态农业发展中的乡土知识、家禽饲养中的乡土知识、水和森林资源利用与治理中的乡土知识、绿色施肥的乡土知识等。这些生态方面的乡土知识是村民们在长期生产生活实践中的经验总结，因此也可称其为乡土生态经验。它具有如下四大特征：一是文化性，与当地生态文化有着极其紧密的联系；二是严密性，形成了一套严密的操作规程；三是科学性，在长期的生产生活实践中得到检验；四是内化性，已经内化成村民们的行为习惯。在对农村生态文明建设项目进行设计时，要全面考虑乡土生态知识对建设项目的积极作用，把其看成农民的优势之一。把外在的技术支持和乡土生态知识有机结合在一起，可以规避技术失效带来的问题，从而提高建设项目的运作效率。

三　尽可能采用农民参与其中的 PRA 方法

在使用 PRA 方法的时候要学会灵活变通，不可以囿于僵化的程序，盲目照搬照抄。PRA 工具包括访谈类、图示类、排序类、记录类、展示类、分析类、会议类和角色扮演与直接观察八类①。这其中又以图示类、访谈类和排序类运用最广。图示类主要涉及乡村社会生态资源分布图、

---

① 周大鸣、秦红增：《参与式社会评估：在倾听中求得决策》，中山大学出版社 2005 年版，第 54 页。

乡村社会规划图、日常生活图等，可以由村民自己绘制，这样能迅速摸清乡村社会的人口和生态资源分布情况、乡村文化特质、村民生计情况以及日常生活样态。图示法要以调查点的具体情况和调查主题为依据进行创造性的运用，切忌生搬硬套。访谈类通常以召开座谈会的方式进行，这样做可以有效避免个人访谈时间过长、观点表达单一的窘况。排序法是指村民就"农村生态发展中的问题""基层政府和村民在农村生态发展中的态度"等内容进行的排序，"不仅仅是了解、分析、识别问题与机会的有效工具，同时也是被调查者自我评估与学习的过程，被调查者会觉得从中得到了鼓励和尊重，从而促进调查者与被调查者之间伙伴关系的建立"①。PRA 方法获得的资料是在本地村民的参与下取得的，不管是排序、画图还是开座谈会，以及别的工具，获得的资料都非常直观。

PRA 方法的运用过程非常重视共同参与、尊重本地村民以及相互共享知识的工作态度，同时也是对本地生态文明建设实践情况和农民群体意见的综合提取的过程，由此能够避免传统调查方法获取信息常常只是研究者个人的事情的尴尬境地。

第四节　坚持社会资本的新选择

不可否认，社会资本自从被提出以来就是一个极富争议的概念。一些著名的经济学家如诺贝尔奖得主阿罗、索洛等人就认为社会资本作为一个经济学概念的提出是有问题的。阿罗在其《放弃"社会资本"》中甚至认为："更应该强调的是，我强烈建议放弃资本的这个隐喻，以及'社会资本'这个词。"② 但是，同样不可否认的是，社会资本的出现极大地影响了经济学和社会学的研究，并为各学科提供了更为有力的分析工具。在进行农村生态文明建设过程中借鉴社会资本理论，分析农村生态文明制度方面出现的问题，积极培育农村生态文明制度型社会资本意义重大。

---

① 周大鸣、秦红增：《参与式社会评估：在倾听中求得决策》，中山大学出版社 2005 年版，第 54 页。

② 曹荣湘：《走出囚徒困境——社会资本与制度分析》，生活·读书·新知三联书店 2003 年版，第 227 页。

一 社会资本概述

"社会资本"这一概念是由经济学家洛瑞（G. Loury）于 1997 年第一次提出来的，随后不少学者相继对其进行了界定和阐释，其中最具代表性的莫过于帕特南。他认为社会资本"是指社会组织的特征，诸如信任、规范以及网络，它们能够通过促进合作行为来提高社会的效率"[①]。社会资本具有如下特征：第一，对社会资本的使用不会消耗它。第二，社会资本难以通过外部干预直接建立。社会资本从其性质来看具有较强的内生性，内生的要素可能会受到外生因素的影响，但是，经验和理论研究表明，像社会资本这样的内生要素是难以通过外部干预直接建立的。社会资本的这个特点无疑给当前农村生态文明建设理论和实践提出了一个难题，那就是我们所设想的整个农村生态文明建设策略将由于社会资本的短板难以通过外在的干预建立而面临极大挑战。因此，我们认为农村生态文明制度型社会资本的培育战略本身在理论上受到了挑战，但是我们仍然可以通过一定的策略干预内生要素进而去影响农村生态文明制度型社会资本的培育过程和结果。第三，政府机构对社会资本的影响力较大。虽然国家和地方的政府机构一般来说是不能直接干预社会资本特别是私人社会资本的建立，但是他们却可以通过组织审批权以及相关行政管辖权力来影响到个体的可得社会资本的水平和类型。而且作为正式制度的主要提供者、文化传媒的主要引导者，国家和地方的政府机构对个体可得社会资本的水平及类型的影响十分突出。因此，无论从其责任还是其能力的角度，我们认为国家和地方政府机构应该在社会资本构建中充当重要的角色。第四，社会资本具有一定的公共物品特征，这也成了政府积极参与到社会资本培育体系中来的重要理论依据。依据社会资本的不同来源，安妮鲁德·克里希纳还提出制度性社会资本和关系性社会资本这两个概念[②]。她认为制度资本与促进互利集体行动开展的结构优势

---

① ［美］罗伯特·帕特南：《使民主运转起来》，王列、赖海榕译，江西人民出版社 2001 年版，第 195 页。

② 参见钱海梅《行动与结构：社会资本与城郊村级治理研究》，经济管理出版社 2013 年版，第 54 页。

有关，如作用、规则、程序和组织；关系资本涉及在与他人合作中影响个人行动的价值观、态度、准则和信念①。借鉴学术界的观点，本书在论述农村生态文明制度型社会资本的培育问题时即借鉴了制度性社会资本这一概念。

二　培育农村生态文明制度型社会资本的重点领域和环节

（一）培育农村生态文明制度型社会资本的重点领域

农村生态文明制度型社会资本的培育是一个系统工程，不可能一蹴而就，要重点关注以下四个领域的工作。第一，要尽快出台土地整治制度，特别是农村"空心村"的农用土地的整治和复耕的特殊性规定，切实地保护好我国非常有限的耕地资源。第二，尽快对农村的畜禽养殖业和乡镇企业等这些带有负外部性的生产性行为进行建章立制。在制度建设中要在规定严格限制审批的同时重点加大对相关企业和责任人的生态文明责任和资金、技术方面的要求，规定建立生态文明基金和保险的法条，加大关于奖励和税收减免与金融扶持的规定，促使企业把建设生态文明作为事业、作为投资。第三，加紧研究制定有关农村自然生态养护方面的制度。由于农村自然生态具有明显的公地性质，易于陷入"公有地悲剧"的窘境，而农村自然生态关系到整个农村生态文明建设的大局，影响到农村生态文明制度型社会资本的培育和决定着农村生态文明建设目标的实现，因此，要进一步完善退耕还林还草政策，探索建立生态产权制度。第四，尽快通过规范引导农民日常生活的相关制度。针对农民的日常生活习惯，在制度建设方面不能轻易搞强制，要重点加强对农民生活习惯引导方面的规定，如垃圾分类设施建设帮扶、绿色生活用品使用鼓励、废旧用品分类收集奖励等制度。重视调动农民的生态文明建设积极性的制度建设，如提高村民自治组织在整个农村生态文明建设中的法律地位，允许其在相关法律规定的自治范围内，从本村生态文明建设的实际情况出发，行使部分规章制定、事务处理以及生态环境污染的处罚权等从而最大可能地调动农民的积极性，整合社会力量。

---

① 参见钱海梅《行动与结构：社会资本与城郊村级治理研究》，经济管理出版社 2013 年版，第 54 页。

（二）培育农村生态文明制度型社会资本的重点环节

1. 引导鼓励农民消费行为环节

对农村居民的消费行为要尽可能地减少甚至不使用政府强制，更多地采用如行政指导、行政合同等方式，通过利益诱导的方式引导广大农村以有利于生态文明建设的方式进行消费。同时，加大对农民有益于生态行为的行政奖励、补助、补偿等政策的设定和有关程序保障机制的制度建设力度。

2. 修复农村整体生态环境环节

党的十九大报告中系统阐述了建设社会主义生态文明的时代要求，明确了国家未来在绿色发展方式和生活方式、山水林田湖草治理、生态环境保护等方面的努力方向。加大工作力度，把生态文明建设贯彻到经济建设、政治建设、文化建设和社会建设全过程，实现整个国民经济高质量发展已经成为新时代的主要议题。然而，由于长期以来"重城轻农"的历史惯性，我国农村生态环境已经遭到了严重的破坏，修复农村整体生态环境体系已然成为培育农村生态文明制度型社会资本时必须解决的现实难题。为此，我们需要加快以下工作进程。

首先，完善农村自然资源产权制度。长久以来，自然资源作为生产要素深深地刻在人们的脑海里。自然资源作为人类社会经济发展的物质基础，同时也构成人类生产环境的基本要素。但是，由于生态环境资源的外部性效应，资源开发利用中的外部经济成本并不会当然地计入主体的成本之中。因此，健全的产权安排就显得尤为重要。有必要将农村自然资源的使用主体和生态环境养护的义务主体相勾连，使资源利用者在开发过程中所衍生的生态成本内化于其经济成本之中，从而构建一种以市场为基础，政府宏观调控为辅的绿色产权制度。

其次，建立和完善农村生态环境补偿制度。农村生态环境补偿有两个目标：维持性目标和改善性目标。维持性目标是农村生态环境补偿中的基础性目标，也是农村生态文明建设最低限度的要求。具体来说，维持性目标是对广大农民生产生活行为的基础性规范，包含了农民最基本的生态义务。此外，维持性目标还要求将农村自然资源的使用权、各项政府补贴等财政扶持的获得与生态环境保护义务相对接，保持生态环境既有现状，防止生态环境进一步恶化。改善性目标是农村生态补偿中的更高层次的目标，它是在实现维持性目标的前提下（即实现保护既有生态的前提下），通过政府直接进行公共环境投入和引导广大农民参与生态补偿建设的方式，改善已被破坏的生态环境，提高生态质量。在此过程中，政府一般可以通过采取财政投入、补贴或直接设立各项环保项目，鼓励农民通过自愿参与的方式建设农村生态文明，同时通过财政资金的扶持，给予参与农户资金、技术、政策等方面的支持。因此我们在制定和完善农村生态补偿制度时，要对这两个目标的补偿规定不同的补偿条件和标准，不可不加区别。

最后，发挥政策制度化的综合协调功能。通过法定程序将经过实践检验的财政、金融、税收等方面的现有政策制度化、法定化，从而发挥政策制度化综合协调之功能。

一是通过制度将农村生态环境基础设施建设，尤其是将涉及农村居民基本生产、生活条件的生态环境基础设施建设工程，纳入政府公共投入的基本建设范畴。同时，重新划分政府财政投入的资金比例，将财政投入的重点由城市向农村倾斜。在农村生态税收制度层面，应于统一税法体制下继续深化农村生态税收制度，以市场化的改革方向，实现城乡税收制度的统一化。同时，建立农村生态建设附加税专门用于农村生态环境修复和生态治理；设立新型生态保护税种，以从事影响生态环境质量事业的组织和个人为征税对象，征收生态资源税，将其生产活动中的外部生态成本内部化，促使其通过采取新型环保生产技术、调整产业结构等方式，减少继而消除其经济活动对生态的负影响。二是在金融政策方面将以往城市中心的金融政策向农村倾斜。政府通过在利率、贷款贴息等金融政策方面的调整，实现政府在农村金融方面对从事绿色农业和环保节能的乡镇企业的政策支持。三是鼓励绿色产业和绿色企业的发展。以财政扶持、技术支持等方式对进行清洁生产的企业或个人给予经济上的补贴，将其经济活动中难以于市场竞争层面体现出的生态价值，以财政扶持的方式进行补偿，从而推动该类环保产业的良性发展，引导社会其他资本参与其中。例如建立政府的"绿色采购"制度，以制度的方式明确政府在日常采购中的各项采购指标，从而对整个社会生态消费理念的形成做出示范，引导公民进行绿色消费，推动企业朝着绿色产业结构的方向进行改革。

三 培育农村生态文明制度型社会资本的路径选择

（一）在完善农村土地污染防治制度中培育农村生态文明制度型社会资本

1. 在完善农村土地污染防治监管体制中培育农村生态文明制度型社会资本

健全完备的监管体制是培育农村生态文明制度型社会资本的必要保障，可从以下几方面着手推进这一工作：首先，在机构设置层面，应设置完备的农村土地污染管理机构，尤其应当重视该类机构的基层建设，将其具体权责与机构设置延伸到乡村一级；其次，在权责划分层面，有必要按照科学的权利结构安排，合理划分各个土地污染管理主体的具体权责，避免"政出多头"；再次，制定明确具体的土地污染防治监管程序，为污染防治机构行使权力提供可供遵循的步骤；最后，明确监管部门的责任，确保监管职责得以切实履行。

2. 在完善土地污染监测制度中培育农村生态文明制度型社会资本

土地作为生态环境的基本要素之一，因自身较慢的自然更新周期，而在受到污染之时呈现出鲜明的积累性、隐蔽性等特征。况且外源性污染物质经过长时间的积累和众多污染物之间复杂的化学作用，往往导致更为严重的土地污染事件，污染本身也从单一性污染问题转变为复杂性、立体化的土壤污染问题。因此，应以制度的方式具体明确和健全土地污染防治的动态监测制度。此外，对土地污染的监测应向农业用地，尤其是耕地区域进行重点性的监控，根据土壤受污染程度的不同划分为相应的"农业用地污染区域"，在不同区域内禁止或限制特定作物的种植。

3. 在完善废弃物利用许可制度中培育农村生态文明制度型社会资本

部分工业、生活中所产生的废弃物本身对农业生产来说仍然具有一定的使用价值，将废弃物应用于农业生产中，本身也是资源化的集中体现。然而，大多数的废弃物中仍然存在大量足以对土壤环境构成威胁的外源性污染物质。鉴于我国农村土地污染的严峻形势有必要针对废物利用进行全程化的监督，实行废物利用许可制度。首先，需要从技术层面明确各种废物再利用的环境标准。其次，针对大量城市废弃物刻意向农村转移的现象，应当针对那些对农业生产用处较小或存在极大环境风险的废物，采用较为严格的许可标准。最后，严格奖惩制度，对违规违法行为，有关主管部门有权对其进行处罚，对于主动采取措施净化排放污染物的企业，国家应当给予适当的鼓励。可通过财政补贴、政策扶持、减免税率等方式，弥补经营者因主动采用净化排放措施而带来的经济效益之损失。

4. 在完善污染土地整治与修复制度中培育农村生态文明制度型社会资本

我国虽然地域辽阔，但可用耕地面积仍然十分有限，人地矛盾十分突出。面对日益严峻的土地污染趋势，单一的源头控制显然已经无法满足现实工作的实际需要，加强对已污染土地的整治与修复极为紧迫。但是，构建科学、完备的农村土地污染治理与修复制度，既要求先进的科学手段作为技术支撑，亦需要充足的资金作为经济上的保障。目前看来可以从以下两个方面着手考虑：首先，在技术手段方面，应当建立关于土地污染整治与修复的相关技术研发和推广应用制度。加大对农田复垦、盐碱土地治理等相关生态技术的研发力度，加强与其他国家在技术领域的交流与合作；针对不同的污染情形采取不同的治理措施，通过物理的、化学的、生物的方法来有效治理污染土地，规范修复和整治行为。其次，在资金支持方面，尽快着手建立完备的土地整治与修复资金支持制度。

（二）在完善农村畜禽养殖污染防治制度中培育农村生态文明制度型社会资本

1. 扩大畜禽养殖污染防治的规制对象范围

《畜禽规模养殖污染防治条例》（2014）规制对象范围仅限于规模经营的畜禽养殖场、养殖小区，并未将散养农户或其他小规模的养殖专业户纳入调整规范之范围。然而，我国农村中家庭散养家畜家禽的现象十分普遍，每年因家庭散养而产生的畜禽污染亦在污染总量中占有相当之比例。条例将数量巨大的散养农户和其他小规模的养殖专业户排除于其规范调整范围，这种做法虽然"秉承"了我国转型时期"急项先立"的一贯原则，但从长远来看，只能对农村畜禽养殖污染起到相当程度的控制作用，却难以实现对畜禽养殖污染的根治。由此，有必要在未来制度确立中扩大畜禽养殖污染的规制对象范围，将散养农户和其他小规模养殖专业户纳入农村生态文明制度体系的调整范围，从根本上消除畜禽养殖中各种污染形式，培育农村生态文明制度型社会资本，建设农村生态文明。

2. 完善畜禽养殖污染防治标准

一方面改变现有污染标准"末端控制"和"先污染后治理"污染防治理念，代之以"全过程控制"理念，遵循预防为主的原则，把污染物排放标准纳入畜禽养殖项目规划当中，确定单位面积内畜禽养殖项目的规模、数量，以及畜禽养殖项目与人口密集的居民区等禁止污染地区的最短距离，把污染控制在项目规划建设之前。另一方面要细化现有的污染控制标准。例如，根据对畜禽养殖业者按规模分类登记，针对不同规模的养殖业者制定不同的污染控制标准，为畜禽养殖企业规划和污染控制提供明确的参考。此外，在国家级生态环境标准层面上，还要注意生态环境标准的统一性，一般由国务院生态环境行政主管部门制定，确需由其他部门制定的，应当商请国务院生态环境行政主管部门参与，必要时由多部门联合发布，以避免出现生态环境标准不统一或多头管理的现象。

3. 健全机制，强化责任，增强可操作性

一是尽快制定与《畜禽规模养殖污染防治条例》（2014）相配套的实施细则；二是对《畜牧法》《农业法》《清洁生产促进法》等法律予以修订，对其中相关规定进行细化，增强其可操作性；三是由国务院或国务院相关行政主管部门制定相应的《实施办法》或《实施细则》；四是授权地方人大及其常委会根据本地实际情况制定切实可行的地方法规，或由省级人民政府或有权的市级人民政府结合本地特点制定地方政府规章，保障其切实可行。

（三）在完善农村生活污染防治制度中培育农村生态文明制度型社会资本

目前我国农村生活污染防治的总体要求是：第一，水污染的综合整治。在水污染综合整治方面，在对影响水环境质量的农业和生活污染源的分布、污染物种类、数量、排放去向、排放方式、排放强度等相关数据进行调查分析的基础上，制定科学合理的农村生活污水防治措施，从而实现对镇村内可能造成水环境（包括地表水和地下水）污染的各种污染源的综合整治，保障农民有水量充足、水质安全的生活用水使用。第二，固体废物污染综合整治。应严格依照我国相关规范标准，对生活中所产生的大量农村固体废弃物质进行综合处理。其中，生活废弃品应首先考虑使其再资源化。其他生活垃圾可通过堆肥、生产沼气等途径加以利用，从而改变过去村庄和住宅、家家门口堆畜禽粪便，户户屋旁摆放废弃杂物，人畜共居固体生活生产垃圾之中的局面。

根据上述总体要求，在农村生活污染防治中培育农村生态文明制度型社会资本可从以下两个方面努力：第一，建立健全污染防治基础设施，完善农村环保监督管理体制。第二，将生活污染物的处理方式科学化。一是开展垃圾分类收集；二是通过堆肥、填埋和焚烧处理等方式合理处理固体垃圾；三是改造农村饮用水系统，保障农村居民生活用水卫生和身体健康，可适当推广一些地方已经存在的"污水下渗池"等净化方法。

（四）在完善农村饮用水源保护制度中培育农村生态文明制度型社会资本

1. 完善对地下水源的保护制度

一是健全地下水的勘测、评价、规划和监测制度。应当通过立法赋予政府相关部门加强对地下水水量、水质、水源分布及与地表水的联系等信息的勘探，对水量、水质、可采量等进行科学评价，并对农村需要采用地下水源的区域进行合理规划，同时对地下水水质水位进行密切检测，以保证地下水源的安全。

二是加强地下水源污染防治。结合地下水自身更新周期缓慢、污染不易察觉等特征，严格遵循相关地下水保护标准，以完善相关制度的方式明确相关主体对地下水源保护区或地下水源补给区的地表水体禁止实施的排污行为和有重大影响的生产活动，禁止建设对地下水源有较大影响的工程或设施，以实现对地下水源及其补给水源的全面保护。

三是规范地下水的采集和回灌行为。对地下水采集行为必须按照有关部门编制的地下水源采集规划进行，严格禁止在禁采区采取地下水，严格限制在限采区和控采区采集地下水的量，对超采者课以相应的法律责任，包括民事、行政直至刑事责任；对打井采取地下水的行为实行政府统筹制或审批制。前者是指对所有的打井采水由政府根据地下水采集规划统一实施。后者是指农村居民分散式供水打井，要求向政府申报，政府根据规划统筹予以审批，并对采水的规模、技术等予以监督，切实保障地下水源的水质和水量安全；地方政府部门应当适时修订地下水源回灌水质标准，并加强对回灌水水质和地下水水位的检测，确保地下水得到清洁、足量的补给。

2. 加强体制机制建设

一是要建立完善扶持机制。农村饮用水源的有效保护离不开相关饮用水源保护区的设立以及大量水源保护性基础设施的兴建。这些工程的开展显然需要大量资金技术层面的有力支持。然而，长久以来我国农村经济社会的发展严重滞后于城市，因此，要加大国家对农村饮用水源保护的参与度和宏观调控的力度。在农村生态文明建设背景下借农村基础工程和基础设施建设之机，加强对农村发展的扶持工作，定期从财政收入中划拨专项资金，用于对农村饮水、护水工程和设施的建设以及维护资金和技术投入，以确保农村饮用水安全。

二是要建立完善农村饮用水源保护的经济奖惩机制。对于农村饮用水源保护区内以及水源地上游地区的企业或个人，因其负担重，有必要给予适当的经济补偿；对于主动采取措施节约用水、节能减排，及其他政府指定性环境保护措施的单位或个人给予直接奖励或实施奖励性的水价制度。相反，对于污染排放超标、超量用水者则予以经济制裁；对于护水、节水的受益区和合法排污者则通过差别水价促使其减少排污和节制过度用水行为，并将所得收入通过财政转移支付给节水护水单位或个人，以调动单位或个人护水、节水的积极性，从而为我国农村水源保护注入内在动因。

三是要建立对农村饮用水源的监管机制。一方面，要转移政府部门监管职能的重心，在继续抓好城市饮用水安全监管工作的同时，把农村饮用水源安全作为当前和今后一段时间的重要任务来抓，要建立健全各部门在农村饮用水监管方面的基层机构或组织，加强农村饮用水源保护工作；另一方面，要理顺各主管部门之间的职能划分，必要时成立由林业、农业、交通及水利等相关部门参加的综合协调监管机构统一实施对农村饮用水源的监管。

3. 要确立村委会为主导的自主管理机制

城乡二元制的历史惯性由来已久，历史上，在"皇权不下乡里"的乡村社会，乡绅阶层扮演着连接政府与农民的重要角色，这也形成了我国农村自治的社会基础。由此，在农村水源保护工作中，应充分肯定村民自治制度，赋予村民自治组织相应的生态环境管理权限：一是以相应的村民自治组织为村民饮水诉求的表达、对话的平台，构建民主公开的村民利益表达机制，从而为政府了解分散式的农村水源状况、建设水利工程的项目选址等行为提供决策依据；二是在饮用水源地的保护方面，应当充分尊重村民自治，使饮用水源保护相关制度进入村规民约，并通过村委会的大力宣传使之转化为村民的自觉行动。

第五节　坚持社会评价的新思路

一　农村生态文明建设社会评价的五个阶段

社会评价的界定问题，国内比较有代表性的观点认为社会评价是识别、监测和评估投资项目的各种社会影响，分析当地社会环境对项目的适应性和可接受程度，以促进利益相关者对项目投资活动的有效参与，优化项目建设实施方案，是规避投资项目社会风险的重要工具[1]。其目的在于分析项目实施过程中可能出现的各种社会问题，降低不利影响，保证项目的顺利实施。此处借用这一观点，把社会评价当作一种重要手段引入对农村生态文明建设项目当中。

就农村生态文明建设项目的运行周期来说，社会评价一般要经历以下几个阶段，而且每个阶段上的社会评价又各有侧重。

（一）农村生态文明建设项目机会研究阶段的社会评价

机会研究阶段是指项目可行性研究前为寻找投资机会，选择项目位置，确定项目功能、性质与规模所进行的调查研究阶段。这一阶段的社会评价，主要是配合项目的初步技术经济分析，就项目的技术、经济、社会、生态环境诸因素进行初步的、全面的分析评价，主要内容包括：

首先，调查了解项目所在地的社会经济现状，明确项目目标与当地经济社会生态发展的一致性。如调查当地的社会经济发展水平、支柱产业及其产业政策、村民的文化习俗和生活习惯、村民的收入及消费水平，

① 转引自李超云、卞炳乾、朱启彬《我国水电项目的社会评价方法和经验》，《水力发电》2015年第9期，第92页。

乡村规划及其实施计划等；研究项目与当地经济社会发展目标的一致性，如该项目对当地生态文明建设和环境治理的影响、该项目对当地社会经济发展的贡献和该项目可接受的优惠政策；结合技术经济分析、初步确定项目的基本目标，如性质、规模、场地、功能、服务对象等。

其次，调查了解与项目相关的村民，尤其是受影响村民，预测和评价拟建项目可能产生的主要生态效益和社会效益及影响。如调查项目的主要利益相关村民有哪些？哪些是受益村民？哪些是受项目影响的村民？各类村民对项目的态度如何、是支持还是反对？调查受项目影响村民（如拆迁户、拟建场地的村民等）的要求和对项目的态度。

再次，评估村民对项目的接受能力。接受能力不同于吸纳能力，它是专指村民对项目本身及项目建设的认同，以及对该项目建设带来的技术、经济、文化、生态的变化，尤其是项目带来的不利影响（自然风貌的转变、天然植被的破坏、生活生态环境的影响等）的适应和承受能力。

最后，判断项目社会评价的可接受性以及是否有必要进一步加强评价。对那些对村民产生的消极影响较轻、符合当地经济社会发展和生态保护方向，村民对项目的需要和需求较高，受影响村民对项目的反映较好，没有潜在的强烈不满情绪，接受能力也较好的项目，可判定为社会评价可行的项目。而且，还可确定在以后阶段的社会评价中，主要是考虑如何发挥项目的经济、社会和生态效益。如果在机会研究阶段的初步社会评价中，发现项目对一部分村民可能会产生不利影响，从而导致不满情绪；如果村民对项目的需求或需要有限、接受能力不强；如果该项目建设与当地经济社会生态发展不相适应等等，就需要在下一阶段进行详细的社会评价，研究这些问题的影响程度并提出解决措施。如果估计上述社会风险危害较大且难以解决，就需要否定该项目，建议重新研究项目内容或重新选址。

（二）农村生态文明建设项目可行性研究阶段的社会评价

可行性研究是对项目及项目建设方案进行的全面技术经济论证。详细的社会评价一般与可行性研究的技术经济分析结合在一起进行，承担社会评价分析的人员应与可行性研究机构中的技术、财务、工程、经济方面的评价人员密切配合、协调一致进行工作，一般来说，一份详细的农村生态文明建设方面的社会评价的主要内容有如下三个方面：

1. 当地村民尤其是受影响村民的调查研究

在初步社会评价的基础上，更深入地调查研究项目影响区域的村民。详细调查村民的需要、承受力、偏好，详细调查项目所在地的传统文化、风俗习惯、历史、文化、文物、自然景观，并将这类调查结果形成对项目规划设计有影响的意见，尽可能地在项目规划设计中，反映村民的需求。如对因生态环境保护需要而不得不搬迁的村民，其拆迁安置房的开间大小、结构形式、户型、面积、设备配置以及建筑风格、规划布局、周边生态环境，等等，应尽可能地满足需求，并与当地的乡村环境、自然景观协调一致。

要详细研究当地村庄受项目影响村民的状况、项目将带来的主要影响以及影响的程度、村民对这些影响的承受力及可能的态度，尤其要注意农村弱势群体的承受能力，如农村孤寡老人对搬迁的承受力，年老病人群体对项目施工阶段建筑噪声的承受能力，等等。要了解他们的要求，提出应付这类问题的具体措施并预测这些措施的效果，要使这些调查研究结果形成对项目开发建设方案的明确意见，最终影响方案。

2. 项目社会风险的鉴别，规避和减少风险的措施

在详细社会评价阶段，应根据详细的社会调查，评价、分析、鉴别该项目有可能存在的社会风险，并评估这类风险的危害程度。如在项目立项阶段，是否会遇到当地村民或农民合作组织的抵制；在搬迁原住户或拆除原地面设施时，是否会受到抵制；在依靠法律来解决一些纠纷时，是否会出现障碍、是否会有不公平现象；在项目建设过程中，是否会因生态环境污染及其他因素带来社会问题，受到抵制；等等。应当详细研究这类社会风险出现的可能性，易发生的村民、时间，风险化解的主要措施及其效果，这些措施的成本及风险扩大带来的损失等。

3. 项目的实施战略

项目社会评价的实施战略重点考虑的是受影响村民的参与性。良好的参与性几乎是项目社会评价最终所追寻的基本目标。

受影响村民虽然也可因项目建设改善了村庄环境、提供了就业机会而受益，但更多的情形是：因住房及设施的被拆、被占，因大规模的建筑施工而带来生活上的不便，噪声污染、交通秩序混乱、宁静的生活被破坏，旧有的、习惯了的社会生活秩序被打乱，有些被拆迁户甚至可能

搬离故土到新的陌生的地方生活，等等。诸如此类的问题，都有可能给当地村民带来不快，不满的情绪滋长就会引发社会问题。因而，受影响村民参与性需重点研究的问题，应当是这一部分村民将要受到的影响问题、影响程度、承受力及可能存在的潜在社会问题、补救措施及其效果。

解决受影响村民参与性的关键在于项目策划时，对可能出现的影响村民的各类问题所采取的补救措施。要研究这些措施的有效性及这些措施被受影响村民的认可和接受程度。为此，应针对社会评价所反映出来的各种潜在社会风险，制订有效的补救措施，并将这些措施切实反映在项目的开发方案和投资计划中。比如根据已制订的措施方案，在受影响村民中进行广泛的宣传解释，求得他们的谅解和认同。此外，在项目筹备阶段，吸收当地有影响的人物和各种组织机构的领导人物参与项目的研究及决策工作，也不失为一种有效办法。

（三）农村生态文明建设项目实施阶段的社会评价

项目实施阶段是指项目开始投资到交付使用这一阶段。本阶段的主要任务是执行投资建设计划，保证项目按时、按质、按量顺利交付到业主或用户手中。由于许多将要引起的社会问题均在可行性研究阶段的社会评价中周密考虑，一切按计划行事，不至于有什么意外。但是，应当看到，项目实施过程实际上是一个动态过程，错综复杂的资源条件和因素条件无时无刻不在发生变化。任何计划在执行过程中都要发生改变。面对变更的条件和变更的计划，社会评价的条件和结论都有可能改变，一些意想不到的情况也可能发生。因而，项目实施阶段社会评价的关键就是关注社会环境和社会条件的变化，注意方案措施的实施效果，研究新情况，修订原有计划，制订并实施新的措施。

为此，在项目实施阶段，应建立一个完善的社会监测与评价机构。其信息系统应及时、准确地将项目受影响村民的状态信息、项目计划，尤其是社会评价措施执行情况的信息反映到决策层。当然，从管理效率出发，一般的中小型项目无须建立独立的社会监测与评价机构，而是依附于其他的机构（如质量管理机构、计划管理机构等），明确相应的职责和权力即可。

（四）农村生态文明建设项目使用阶段的社会评价

这一阶段项目设备及建筑物已投入使用或已经开始生产，各种社会群体关系（如用户、经营管理者、使用者、地方行政机构等）均建立起来。这一阶段的社会关系，主要是人与人、群体与群体的管理职能和权限之间的关系。这些关系对项目功能的正常发挥、农村稳定及良好社会环境的建立，显得尤其重要。本阶段社会评价的重点是放在项目与当地村庄、村民及各种机构间的关系上。

涉及村庄关系的主要机构有乡镇、村委会及各级政府的派出机构，其中对项目的使用起主导作用的，便是项目的经营管理公司。因而，建设项目使用阶段社会评价的主体内容，主要是针对项目的经营管理公司的。主要包括如下几项：

其一，关于项目设施功能及其维护状况的评价。这里的项目设施指维持项目正常使用的各种设备和设施，如通风空调、电力、通信、给水、排水等；项目配套服务设施，如配电、园林、绿化、道路、地下管线等。项目设施是否正常使用，是项目正常运营的基本保障。

其二，关于项目服务和运营的评价。项目经营管理公司除了要管好、维护好项目的设施及其配套服务设施，还要对项目的使用者或其他客户提供各种优质服务，以满足项目影响和受益村民的生产或生活需要。如满足项目正常生产，减少项目对当地村民的负面影响，为当地村民提供培训、宣传等服务，为当地村民创造就业机会等。

其三，关于项目与所在乡村关系的评价。农村生态文明建设项目使用阶段的社会评价，特别关注项目与所在乡村的关系，如何营造一种祥和、轻松、亲切、舒适的关系，是项目追寻的重要目标。建设项目的管理方应该通过多种方式，采取多种措施保证项目与当地和谐相处。例如成立项目和当地有名望人士组成的协调会、项目使用代表恳谈会等，及时交换意见，互通信息，以增进了解；定期或不定期召开使用者代表会、联欢会以联络感情；组织各种娱乐活动以加强联系。这些措施对于改善项目与当地的关系，增强凝聚力，调动当地村民支持项目的热情和责任感，无疑是至关重要的。

（五）农村生态文明建设项目后评价阶段的社会评价

建设项目的后评价是指项目投资建设完成后，对项目的决策、执行、效益、影响的系统而全面的评价。建设项目社会评价的后评价与使用阶段评价虽然在时段上是一致的，但在评价目的与评价内容上却有很大的区别。如前所述建设项目使用阶段社会评价的目的在于评估项目使用阶段的使用情况及项目与当地的适应情况。而建设项目后评价的社会评价目的在于总结经验，为今后建设同类项目积累经验，改进项目管理，消除或减轻不利影响，以利项目持续实施，并促进社会稳定与进步。其主要内容包括如下三个方面：

1. 农村社会环境影响评价

具体评价项目建设过程中和项目建成后的农村社会环境影响、自然生态环境影响，分析已发生的社会问题的原因及已实施对策的实际效果。与可行性研究阶段的社会评价结果相比较，研究有无未曾预料到的、估计错误的社会问题，有无需要采取补救措施的问题，以及应当采取些什么措施，以利于项目持续实施，促进农村社会稳定与进步。

2. 项目与社会适应性评价

分析项目对村民需要的适应性；项目对当地经济发展、社会、生态环境治理目标实现的适应性；项目在扶贫、解困，提高村民尤其是困难村民住房水平的贡献等。

3. 项目持续性评价

可持续性是当代经济社会发展要考虑的核心问题，也是项目后评价阶段社会评价的主要内容。建设项目持续性评价的具体内容与一般项目持续性评价内容一样，主要有项目环境功能的持续性、经济增长的持续性和项目效果的持续性三个方面。

环境功能的持续性主要评价项目建设对所在乡村生态环境、经济环境、文化环境、基础设施等村民生存和工作、生活环境带来的有利或不利影响；研究克服不利影响所采取措施的实际效果；分析潜在的社会风险，探讨进一步采取措施的必要性并预测其效果。

经济增长的持续性应从就业、原材料消耗、能源消耗、市场及产业政策、技术水平等角度研究项目对当地经济发展所起的作用；探讨项目本身维持正常发展的必要条件及其现状；分析与项目继续发展有关的社会因素（如法律、法规、产业政策及用户期望等）的有利或不利影响；研究项目实现持续增长的方式及其可能结果。

项目效果的持续性是指项目本身实现计划目标、提供商品或服务，以满足村民需要的持续能力。建设项目效果主要表现在其经营管理水平、服务效果、资源（尤其是土地和资金）供应条件上。因而，建设项目效果的持续性评价应主要集中在项目的目标、社会效益、收入成本、经营管理、资源条件等方面进行评价。

二　农村生态文明建设社会评价的路径选择

社会评价非常看重项目参与者主体作用的发挥，但是在农村生态文明建设过程中，作为核心主体的村民要真正参与项目的社会评价却极为艰难：一是村民的知情权缺乏保障，村民对生态文明建设项目的社会认知度不高，即生态文明建设项目不是一个大家普遍周知的项目；二是在项目设计前，没有重视村民的想法和期待，没有充分考虑项目能给村民带来什么好处以及多大好处；三是从文化层面来看，在实际操作中忽略了项目的文化适应性特征，也就是说建设项目的落实没有充分地把村民的价值观、风俗习惯、信仰和感知情感考虑进去；四是在农村生态文明建设项目实施过程中没有对村民的主观能动性给予足够的重视，没有采取措施去激发村民的潜能，也没有对村民自身带有的朴素而有用的乡土知识给予高度关注。缺少社会评价环节的农村生态文明建设项目还会带来行动失范的后果，如政府主导过度、干预过多、干预错位，该干预的不干预，不该干预的反而尽力干预；村民集体观念淡薄；民间组织工作主动性不强；农村生态文明建设内容物质化、行政化、趋同化现象严重等。把社会评价引入农村生态文明建设中来就是要运用社会学和人类学的基本原理来探究项目建设中出现的问题，把村民的所思所想所求放到社会评价中去，以此提升农村生态文明建设绩效。对此，我们可以采取以下措施。

第一，详细研究项目建设中的利益相关者，确立符合实际的参与机制。政府、村民、民间组织是农村生态文明建设实践中的主要利益相关者，其中尤以村民为要。在研究农村生态文明建设的利益相关者时要对下列问题给予关注：村民对农村生态文明建设情况有多少了解？对项目的评价怎样又有什么期待？农村生态文明建设能为村民带来什么正功能？可能产生哪些负功能？村民拥有的社会资本有多少？村民利用其社会资本支持农村生态文明建设的态度如何？政府和村民在其中所处的社会位置如何以及扮演哪种角色？这样做是为了能够寻找恰当的参与机制来调动各方参与者的积极性。目前看来，信息共享、民主协商、实际参与是最好的选择，信息共享就要保证中央的政策文本层层下达时不会走样，造成信息失真的问题；民主协商就是指利益相关者要主动进行信息交流，做到信息共享，使彼此都理解对方的真实意图，从而加强双方信任；主动参与重点是要村民真正参与到农村生态文明建设的全过程，不要做旁观者。

第二，使用参与式方法，搜寻乡村社会资源、经济、人口变迁等数据，了解当地的民俗文化、宗教信仰、社会资本等，以利于设计的农村生态文明建设方案顺利实施。

第三，科学设计农村生态文明建设风险评估方案。目前很多建设项目大部分仍然采用自上至下的运作模式，也就是由政府拍板敲定方案、提供技术，用行政命令的方式去推动项目，结果使非常多的项目热热闹闹开场却冷冷清清收场，村民们并没有从中受益。所以在农村生态文明建设项目中必须引入社会评价。就拿牲畜圈养项目来说，对其进行社会评价就应该包括下面一些内容：项目成本多高？资金如何解决？预期收益和预期风险怎样？村民是否愿意参与？有何渠道给村民赋能？以此为基础，再和村民一起设计发展规划，对项目参与者（特别是妇女）提供培训，为村民开辟获取必须资源的渠道，并提出规避风险的措施。

总而言之，在农村生态文明建设中用好社会评价这一方法，是新时代搞好农村生态文明建设的新思路和必然选择。

关于农村生态文明建设认知的问卷调查

　　朋友您好！为了掌握农村生态文明建设的最新状况与发展动向，更好地促进其良性运行与发展。我们拟制了本调查问卷，希望调查能得到您的支持与配合。此问卷完全保密，您所回答的内容仅作为学术研究使用，所调查的点在研究中也作学名处理，所以，不会对您及您的工作带来任何麻烦，真诚地希望您能给予我们最真实的想法。题后没有注明多选的，只选择一个选项，直接用"√"画出选项或在"——"上填出选项的序号，谢谢您的支持！

一 基本状况

A1. 您的性别是____

1. 男性　　　　　　　　　2. 女性

A2. 您是____

1. 试点村的普通村民　　　2. 非试点村的普通村民

3. 试点村的组长　　　　　4. 非试点村的组长

A3. 总体来说，您家的经济状况在当地算____

1. 一般　　　　　　　　　2. 中等　　　　　　　　3. 富裕

A4. 您所在的自然村在当地经济发展水平算____

1. 一般　　　　　　　　　2. 中等　　　　　　　　3. 富裕

A5. 您所在的行政村在当地经济发展水平算____

1. 一般　　　　　　　　　2. 中等　　　　　　　　3. 富裕

A6. 您所在的乡镇在当地经济发展水平算____

1. 一般　　　　　　　　2. 中等　　　　　　　　3. 富裕

A7. 您所在的自然村生产方式主要以____

1. 农业为主　　　　　　2. 工业为主　　　　　　3. 商业为主

二　对农村生态文明建设举措的认知

B8. 您认为我国关于农村生态文明建设的决议____

1. 意义重大　　　　　　2. 意义一般

3. 没有特别意义　　　　4. 说不清

B9. 您认为我国关于农村生态文明建设的决议的颁布____

1. 有点晚　　　　　　　2. 正合时宜

3. 为时过早　　　　　　4. 说不清

B10. 农村生态文明建设能改变农村脏乱差面貌吗？____

1. 能　　　　　　　　　2. 不能

3. 也许能　　　　　　　4. 说不清

B11. 您赞同国家推行农村生态文明建设举措吗？____

1. 完全赞同　　　　　　2. 不太赞同

3. 赞同　　　　　　　　4. 说不清

B12. 您希望我国农村生态文明建设长久持续下去吗？____

1. 希望　　　　　　　　2. 不太希望

3. 不希望　　　　　　　4. 说不清

B13. 您觉得国家关于农村生态文明建设的政策能够长期执行下去吗？____

1. 一定能够　　　　　　2. 很担心

3. 有点担心　　　　　　4. 说不清

三　对农村生态文明建设目标及内容的认知

（一）对总目标的认知

C14. 您觉得农村生态文明建设"生产发展、生态良好、生活富裕、村风文明"的目标____

1. 很全面　　　　　　　2. 比较全面

3. 不太全面　　　　　　4. 说不清

C15. 您觉得"生产发展、生态良好、生活富裕、村风文明"的目标内容中，相比较而言，哪个最重要？____

1. 生产发展　　　　　　　2. 生态良好

3. 生活富裕　　　　　　　4. 村风文明

（二）对分目标认知

C16. 您觉得要"发展生产"最关键的是____

1. 资金投入　　　　　　　2. 产业培育

3. 提高农民素质　　　　　4. 说不清

C17. 您觉得"生态良好"主要依靠____

1. 统一规划　　　　　　　2. 提高农民素质

3. 资金投入　　　　　　　4. 说不清

C18. 您觉得"生活富裕"主要体现在____

1. 收入提高

2. 心里感觉

3. "生、老、病、死、住、吃"不用愁

4. 说不清

C19. 您觉得现在的农村"村风文明"要大力培育吗？____

1. 一定要　　　　　　　　2. 不一定要

3. 不需要　　　　　　　　4. 说不清

四　对农村生态文明建设实践的认知

（一）对实践中困难的认知

D20. 您觉得在具体实践中，按国家关于农村生态文明建设的要求去做困难吗？____

1. 很困难　　　　　　　　2. 不太困难

3. 困难　　　　　　　　　4. 说不清

D21. 如果您觉得困难，主要原因在____

1. 农民想法与政府做法不一致

2. 建设目标要求与现实的差距

3. 前面两种情况都有

D22. 您觉得如果要按中央的政策去做，具体实践中最困难的事

是_____

1. 缺乏资金　　　　　　　2. 农民积极性不高

3. 政府包办的太多　　　　4. 上面考核验收太严

5. 说不清

（二）对政府责任的认知

D23. 您觉得在农村生态文明建设中，哪级政府责任最大？_____

1. 乡镇政府　　　　　　　2. 县级政府

3. 省级政府　　　　　　　4. 中央政府

D24. 您觉得基层政府在农村生态文明建设中的作用_____

1. 很大　　　　　　　　　2. 不太大

3. 不大　　　　　　　　　4. 说不清

D25. 您觉得基层政府在农村生态文明建设中做的事情_____

1. 太多了　　　　　　　　2. 不多不少

3. 太少了　　　　　　　　4. 说不清

（三）对建设主体的认知

D26. 您觉得农村生态文明建设的主体应该是_____

1. 政府　　　　　　　　　2. 农民

3. 民间组织　　　　　　　4. 三者结合

（四）对农民组织的认知

D27. 您觉得在具体实践中有必要成立农民合作组织吗？_____

1. 很有必要　　　　　　2. 不一定要　　　　　　3. 不需要

D28. 您觉得农村生态文明建设中农民组织的建立主要取决哪个方面？
（可多选）_____

1. 农民参与意愿　　　　　2. 政府的引导

3. 农民中的领头人物　　　4. 外部资金扶持

（五）对试点村的态度

D29. 您所在的村被选为农村生态文明建设试点村吗？回答_____

1. 是　　　　　　　　　　2. 否

D30. 您认为您的村庄被选为试点村主要因为_____（可多选）（试点
村作答）

1. 经济条件好　　　　　　2. 地理位置好

3. 村里人心齐　　　　　　　4. 上面有关系

5. 运气好被选上

D31. 您为自己村庄被选为试点村高兴吗？（试点村作答）____

1. 高兴　　　　　　　　　　2. 不高兴

3. 无所谓　　　　　　　　　4. 说不清

D32. 您不高兴本村被选为试点村的原因，主要是因为____（可多选）（试点村作答）

1. 还要老百姓出钱

2. 要花费很多的时间去做

3. 政府的做法与我们想的不一样

4. 觉得没意义，都是在搞形式

D33. 高兴本村被选为试点村的原因是____（可多选）（试点村作答）

1. 国家拨给村里很多钱

2. 村庄面貌发生了大变化

3. 家里的生活水平提高了

4. 干群关系融洽了

D34. 您的村庄没有被选为农村生态文明建设试点村，您的态度____（非试点村作答）

1. 不高兴　　　　　　　　　2. 高兴

3. 无所谓　　　　　　　　　4. 说不清

D35. 您认为您的村庄没有被选为试点村的主要原因____（可多选）（非试点村作答）

1. 太穷　　　　　　　　　　2. 位置偏

3. 村里人心不齐　　　　　　4. 上面没有关系

5. 运气不好没被选上

D36. 您认为，那些被选为试点村的村庄主要原因是____（可多选）（非试点村作答）

1. 经济条件好　　　　　　　2. 地理位置好

3. 村里人心齐　　　　　　　4. 上面有关系

5. 运气好被选上

D37. 您羡慕那些被选为试点村的村民吗？回答____（非试点村作

答）

1. 羡慕 2. 不羡慕
3. 无所谓 4. 说不清

D38. 您认为当前农村生态文明建设中的"试点村"有带动作用吗？____

1. 有带动作用 2. 带动作用不太大
3. 没带动作用 4. 反而引发新问题

D39. 您希望自己的村庄成为"试点村"吗？____

1. 希望 2. 不太希望
3. 不希望 4. 说不清

D40. 如果试点村没有带动效应，您认为主要原因是什么？____

1. 只是个案，缺乏普遍性
2. 其他村民无所谓，等靠要思想严重
3. 政府缺乏宣传

D41. 您觉得在具体"试点村"实践中，"四个目标"哪个该优先？____

1. 生产发展 2. 生态良好
3. 生活富裕 4. 村风文明

D42. 在具体的"试点村"的建设中，现在最先做的是哪一步？____

1. 生产发展 2. 生态良好
3. 生活富裕 4. 村风文明

五 对国家政策与实践绩效的认知

E43. 您觉得农村生态文明建设要想取得实践成功，最关键是____（可多选）

1. 政府要主导 2. 农民要积极参与
3. 发展农民合作组织 4. 政策不能变

E44. 您觉得目前基层农村生态文明建设实践与国家政策要求一致吗？____

1. 一致 2. 不太一致
3. 不一致 4. 说不清

E45. 您觉得目前农村生态文明建设的实践有成效吗？ ____

1. 有很大成效　　　　　　2. 成效不大

3. 没有成效　　　　　　　4. 说不清

E46. 您觉得按照国家有关农村生态文明建设政策实施能成功吗？ ____

1. 肯定成功　　　　　　　2. 不一定

3. 成功不了　　　　　　　4. 说不清

E47. 您对搞好农村生态文明建设有信心吗？ ____

1. 有　　　　　　　　　　2. 信心不足

3. 没有　　　　　　　　　4. 说不清

再次感谢您的参与！

附 录 2

部分访谈资料

访谈一

访谈对象：ZM

访谈内容：

Q：当时选试点村的时候，具体的程序是什么样的？

A：选的时候没有一套制度，只是当时落实一个生态文明试点村，直接定了一个 D 村，是村委会报的。上报之后，县上专门成立一个建设指导组，由县人大主任牵头，土地局、林业局、农机局、人大等相关单位参加。

Q：选择 D 村的原因主要有哪些考虑？

A：主要有这几个原因：一个是它的自然条件、环境好；二是村民的思想素质相对高，积极性高，这是我们村委会的人都清楚的。

Q：申报的时候是由村委会定么？

A：是我们上报，由县上定。

Q：报的时候有没有考虑过其他村子？

A：是直接定 D 村，因为 D 村的基础条件在我们村委会是相对好的，可以说是最佳的地方。

Q：但是 B 村自然条件也好？

A：B 村条件差，坐落不好，在山坡上，基础条件太差。

Q：有没有些有关生态文明建设的文件？

A：没有，我们这从来没有。上面发过一些，但没有存档，乡政府应该是有存档的。

　　Q：有没有关于这个村委会自然情况、风土人情的一些材料？

　　A：这个要领导才能讲清楚，具体的材料也没有。教育方面在我们整个村委会有一个小学设在 B 村。医疗上我们村委会有个卫生所，是卫生局安排村委会设的。医生是卫生局公开招考的，农村医生，不属于公务员，行医资格只是在农村这一块。

　　Q：这几年搞生态文明建设主要取得哪些成效？

　　A：总体来讲，一方面村内整洁了，另一方面是群众的思想素质、生态文明程度有所提高。其他就没有什么明显的了。

　　Q：其他还做了些什么事情？

　　A：帮助他们搞了个水池，是小水库上面的水池子；还有就是道路绿化。

　　Q：从你的角度来看，还存在哪些需要改进的问题？

　　A：针对 D 村，它作为生态文明的试点村，搞到现在这个规模，需要逐步地巩固和完善。作为村委会来讲，逐步引进和发展绿色环保产业，目的是促进整个村委会的发展。

　　C 村从建设开始到现在，主要是管理难的问题。农村的社会，多年已经形成这种社会，各家门前把着各家的，集体利益抛在脑后，这是社会造成的不良现象。特别是乱建乱占，得不到控制。

　　出现这种情况，也没有相应的措施，小组也好，村委会也好，说了，他也不听，说了白说，这些事本来是违法的，但是我们没有执法权。

访谈二

　　访谈对象：ZWM，男，42 岁，高中文化，具有一定文化修养，为人不错。全家 7 口，81 岁的奶奶。

　　访谈内容：

　　村干部考虑到他家里的特殊情况，计划生育问题上还是作为一个特殊考虑。和老婆在家里种了 4 亩地，20 余亩果园，全家年收入约 5 万元。2007 年开始做小组长，后任村理事会长。

　　生态文明建设这种模式，由村里自愿组成理事会这种形式，按说非常合理，你自己的事自己组织人去做，自己管理，一事一议，切合实际。

但真正要落实，这种模式并不好。有些事并不是这么简单，村里的事情也很复杂，还有上面的要求与村民的想法并不一致。有的事既要符合村民的意见，又要按上面的要求，有的事理事会的人承担不下来，没有这么大的能力，达不到上面的要求。

生态文明建设刚开始，村民的积极性都还好，但是后来就不行了。

如何调动村民的积极性，对村里的干部来说也是一个问题，有些方面我们还是想了点办法。比如当初村里在改水，安装自来水的问题上，按上面规定是国家给每户安装自来水的村民补助300块钱。但这个钱对村民来说没有多少人有兴趣，当我传出这个话后（在村里说了这个事），村民没有人拉边（没有人想改水），没有哪个村民愿意搞，村干部的工作也没有任何效果。在这个情况下，考虑到如何调动村民进行改水的积极性，我就与村委会干部商量这个事，当时乡里也有干部在场。我就提出要加大对村民改水的奖励力度，把原来的给每户改水村民300块钱奖励提高到500元。这样村民改水的积极性一下子就大大地提高了。所以，村里改水率一下子就达到了90%多，所有在家的村民都进行了自来水的改造。所以说，现在的老百姓就是硬要用东西刺激，不刺激就是不行。

现在的生态文明建设中确实存在着较大的问题，最为突出的就是当前村民的积极性低。"等、靠、要"思想特别严重，国家给钱，能做多少事，村里就做多少事，要村民自己集资，难度大。甚至还有一些比这个"等、靠、要"思想更为落后、更为严重的思想，就是很多村民对搞生态文明建设表现出"无所谓"的态度。因为"等、靠、要"多少带有一种主动性在内。"等"，就带有一种愿望，如果等到了心情就高兴；"靠"是一种依靠，只要有人帮助就会配合；"要"就是主动去找门路、想办法去弄钱。三者都有主动性、能动性，多少还带有一点积极的因素。但"无所谓"思想，完全是一种被动的没有反应的消极的思想，即使国家主动帮助、支持，他们都不能调动。存在这些落后思想的村民对国家的政策没有反应，国家投资也好、给钱也好、不给也好，他们都没有反应、无所谓处于一种消极状态。国家投资帮助村里搞生态文明建设可以，路修就修，不修也不要紧，我村民照样吃饭，多少年我们都这样过来了。这些政策，生态文明建设，似乎与他们没有任何关系。这种思想比"等、靠、要"的思想更符合当前大多数村民的思想实际和心理状态。我说，村民的思想、精神状态对生态文明建设有着极为重要的影响，甚至可以说是关键性的因素。

搞生态文明建设不能太注重于形式，而应当做一些扎扎实实的事情。乡里的干部主要还是为了应付上面的检查工作多些。经常的检查，搞检查只注重表面。每年的县里检查，不下于七八次。平常的检查也好、参观也好，凡是领导来了一般都问一问：搞这个生态文明建设好不好？政府支持力度大不大？自己集资没有？集了，大概多少？反正老百姓都是按乡干部事先交代的回答，就是说好。说个数字，都是开会的时候宣布的，都是教好了的。该说什么不该说什么，考试卷答案都是先做好的。

从这种现状看，生态文明建设这种模式还是不行，完全取决于国家的扶持力度，靠国家来推动，国家拿多少钱，村里就做多少事。但是，全国这么多的村庄，如果所有的村庄都由国家拿钱来搞，恐怕这个东西很难办。如果说，你把问题向这方面去考虑，我认为中国的这个生态文明建设还不合时宜，因为人的思想还不够，还没有到要搞生态文明建设的这种程度。一旦动手搞，就会出现各方面的问题，而且有的还是致命的。

访谈三

访谈对象：ZJM，男，61岁，两个儿子都已经成家，两位老人独立生活。村小学退休教师，月工资收入3200元。2015年因为年纪较高，开始在家休养，正赶上村里农村生态文明建设，村里就要求他加入村民理事会，帮助村里做一些事。

访谈内容：

总体上说，农村生态文明建设搞得还好。我们村里，一是路修得好，大家都愿意，二是家庭环境条件的改善，村民的积极性也很高。

选农村生态文明建设试点村，主要还是乡里定，首先是要有一个指标，一般都是由村里先写申请，报到乡里，乡里再送到县里去批。但是我们村里开始搞试点的时候是村里直接定的，当时全乡总共也只有一个点，乡里直接定在T村，村委会干部考虑来考虑去，还是觉得D村合适，所以就定在我们这里。

其他的村里没有搞到主要还是一个村里难以找到一个合适的人为头儿。其他村里的人心很不齐，有些个怪东西（不正派的人）。选取到我们村里这还是个好事，首先是上面给了一大笔钱，把村里的路修了一下，这是一个很大的好事，是一辈子的事情，对子孙后代都有好处。

建设村民活动中心，村民都积极支持。我在建村民活动中心过程中做了一些事务。这个活动中心是在原祖堂前的基础上修建的，整个村里原来的老祖厅分上下两进，上堂前在几年前已经进行了修缮，但由于当时经费不足，下堂前没有整修，但实际上也是破旧不堪，房屋上的瓦基本上掉落，橼子也掉了不少，横梁大多腐烂，确实是需要进行一次修缮。前几年村民与村干部也谈论过这个事，但一时难以筹集这笔资金。这次农村生态文明建设正好有个机会，按上面要求村里要建一个村民活动中心。经过村理事会成员和村民讨论商量，来个借题发挥，把村民活动中心与祠堂的修缮进行结合考虑，看县财政局能不能再为村里提供一些援助。自分田到户后，村里没有一个适合的活动地点，以前开会都是在一个村民的家里，本来就准备建设一个村民活动中心，但又没有一个适合的地点。如果重新选取地址也比较困难，所以就决定在村原祖堂前的地基上建设。可以说是一当两便，也符合农村里的实际情况。这个想法写成报告，送给有关领导看，县财政局和乡里的领导都认可了。

从整个农村生态文明建设过程来看，村民都比较积极，为人都比较善良。一般说，村民也没有什么突出的心态、表现，要出工做个什么事，村民都有一种从众的心态，大家做我也做。村民的心态到底如何，农村中搞改水、改厕，像这些方面的工作还是切实可行的。村民能喝上卫生水，生活环境得到改善，这是一件好事。生态环境整治工作对村里来说本来是很好的，清理一些垃圾杂草，村庄环境变好了，空气也新鲜，这也是好事。有的村民有一种依赖心理，产生一种对政府、对国家投资的依赖，如果要自己投资，就不愿意搞，这等于就是伸手要钱。当然，产生这种原因，受家庭环境的影响，有的经济条件跟不上，生活还不富裕，要自己投资搞建设恐怕很难，所以只有伸手向上面要钱，就是补少量钱，也搞不成功。因为，我只知道村民中一般的普遍的情况，至于村民每一个人的心态到底是个什么样子，只知道个大概，因为每个人的情况，每个人的想法都是不一样的。

也有些村民，思想觉悟不够高的人。一旦有些事如果与个体家庭利益有关时，就可能会产生一些矛盾和冲突。在村民活动中心边上有一条沟，以前由于他家有老房子，水沟是之字形的弯，注入池塘，现在老房子已经拆了，按说可以改直走。大家认为要从村民的老屋地基上经过比较合适。村里同意占用他家的地基，村里调整，但这个村民思想非常落后，就是不同意把这个水沟改直。

农村生态文明建设，作为一项集体性的公共建设活动，最为重要的是村里要有人愿意管事，要有一个坚强的领导班子，舍得吃亏。我去年整个一年都在帮村里做事，也只得了几百块钱的补助。这个还不是什么事，但重要的是，如果有人出来管理就要得罪人，村民不理解你，从心里还会猜疑你，对于村干部来说，事做了，得不到村民的理解，还要受气。所以，村里的理事长与原来为村里管事的人现在都不愿意管，出现村里无人管事的现象，对一个村里来说，事没有人管理是不行的，没有一个为头的人，村里的各项工作都没有办法做。

农村房屋建设不像城市一样整齐，比较杂乱。部分村民的房子做得离村庄本部较远。而作为村庄公共建设的项目对这些离开了村庄中心的村民基本上就没有什么受益。但他们又离不开故土，作为中心的发源地的祖宗，家里的老房子都在原地。但平常的生活都离村庄较远，只是过年，或村里有一些重要活动时他们又要参与其中，存在村庄流动与村民边缘化问题。

访谈四

访谈对象：NYM，男，32 岁，本科，农林专业，G 镇干部，具有 6 年的乡镇工作经历，挂点干部，G 镇派驻 D 村农村生态文明建设指导员，父亲是某中学教师职工，退休在家，母亲是医院医生，还在上班。

访谈内容：

也有些政策下来并不一定适合当前农村的实情。以前要缴土地税，村民都不愿拥有土地，现在不要交税，而且还有补助，村民都争着要地。每一项政策出来都会遇到新的问题。农村生态文明建设的政策出来，设想是很好的，但在具体的操作中也会出现各种各样的问题，按照现在这样搞也不是个好办法，国家要重新拿出新的办法来。

我觉得国家建设农村生态文明还是要注重经济和生态并重，尤其是生产发展。就"生产发展、生态良好、生活富裕、村风文明"的方针而言都不错，但是在整个的操作过程中，还是有很多问题，很难切合实际。还是要针对不同的地区给不同的政策，不能全部是一个模式去搞。为什么说硬要一碗水端平？在一些经济发达的地方，经济好的地方和我们这些不发达的落后地区，在政策上应该有所区别。针对不同的地区要有不同的政策，发达与不发达的地区，国家要有不同的政策，要有专家进行指导，不同的地方要用不同的模式，每个地方，哪怕是同一个省，各个县区情况都不同，甚至同一个乡镇，各村情况都差别很大。对于建设农村生态文明来说，生产发展是最重要的，尤其是发展生态经济。但是在如何去发展这个问题上，老百姓只知道赚钱就好，但是一块地应该种什么生态作物，搞什么生态经济好，村民并不清楚，这是影响生产发展的一个难点。

村里的各项生态文明建设项目都要资金，如搞高质量农田整治、建污水处理设施、建化粪池和垃圾分类设施等，另外还要有劳动力，现在好多村的村民都外出打工去，劳动力都是很紧张的。有的时候要请专业工作队进村去做。村里开始是搞建设项目投工、出工平衡，但后来大多都难以兑现。为什么呢？因为，村里的干部上门去收钱，有些村民不自觉，有的村民确实又没有钱，村干部也很难去扯下面皮，说到底这是公家的事不是哪个私人的事。比如说 D 村，理事会的人都是为公家的事，耽误自己的工夫去做事。有时候还要请专业队，比如说上面要来检查，但由于某些原因或是天气还是其他的原因，使村里的一些建设项目或是工程不能如期完工，而上面过几天就要来检查，如果只是靠村民的力量，一是村民外出多，真正可以做事的人少，或是村民的做事不如专业人做得更好。这个专业队，实际也是一些从外村请来的较好劳动力，是镇里出面到外村或是到有关的专业部门去请人来做这个事。所以，只有采取这个方法。做这些事要在村生态环境建设项目中挤出一些资金来，但是这个事要在限定的时间里做好。如果说是村民自己去做，也许头齐脚不齐，难以组织足够的劳力在规定的时间里完成某些项目，这个事就没有办法做好。当然，专业人员也有本村的人，实际是为在规定时间完成某些生态环境建设项目，拿出相关的专项资金，也有的是由村里自己拿出资金，比如 D 村搞木材加工，做了事当时就把这个工钱发下去。也有一些专业性的工作，比如做村民房屋的彩色瓦头、墙面的粉刷、污水处理的材料等，只有请专业人去做。镇里出面去请，组织一定劳动力实施，当突击队。说到底，不管这个钱是从哪里开支，实际上是叫羊毛出在羊身上，在整个农村生态文明建设资金上开支。所以说，建设农村生态文明就是要有钱，D 村搞得这个样子，主要也是上面给了不少的钱。

再说农村生态文明建设搞检查，你说，村民哪里有这么多的时间？特别是在农忙的时候，村民都要做事，哪里还有心思去做这个事（如打扫卫生、整理环境等）。当然，这里也有村民长期形成的不好的私有观念、没有组织、没有集体意识，在很短的时间要改变也难。再者村民存在着较大的贫富差距。有些村民根本顾不上什么面子，也不考虑什么道德，他们最看重的是个人的经济利益。现在的物价上涨得这么多，人没有钱就活不下去。

村里的指导员，有乡指导员、村委会干部也派一名指导员。他们的具体工作，一是做到上传下达，上面说要做什么事，乡里开了会，就安排村里做什么，指导员就会到村里来，找到村里的理事会长、村里的牵头人，说要做什么，这段时间要做什么事，进行指导。比如说要修路，这个路要怎么修，选择什么老板，资金怎么使用等。二是对村里会存在什么纠纷，要做哪些工作，向村民作解释。三是村里反映了什么情况，存在什么问题，把它向上带到领导那里去。总体来说，一者是进行沟通，二者是督导。关于村里相关项目的设计，上头请了专门设计人员进行，他们负责拿出村庄建设规划的图纸方案等。乡指导员在具体的村庄生态环境改造过程中也有些指导，比如建化粪池，什么叫三格式化粪池，改水等，如何达到上面检查的标准，要向村民进行比较详细的交代。主要是按县有关部门领导提出的要求，围绕上面的任务，为完成上面下达的各项指标进行指导，引导村民如何去做。此外，就是对中央的有关政策进行宣传。

访谈五

访谈对象：NDS

访谈内容：

我们有个文艺队，还成立了妇女之家，文艺队经常到乡上、到各村去表演，清一色的女的有 12 个，主要是吹唢呐、唱歌和跳舞。文艺队的队长是 HCX，负责招人，ZQH 负责排练，他会编剧本，会吹乐器，会编舞蹈、小品。在每年二月初一前，专门有几天要进行排练。乡上有时候也会请文体局的老师来给排练。现在人心散了，年轻人都出去了，见不着，组织不起来了。还是我们这些中年人在接着弄，过几年我们就由中年队变成老年队。我们原来经常是正月初六出门，到各处去慰问表演，就是弄点茶水费，有时候一些老板会给点钱。搞这种活动是自娱自乐，很有意思的，可惜现在会的人不多了，跳三弦的人也不多，年轻的基本不会。以前活动还是挺多的，有些地方的老百姓，尤其是年纪大点的，很喜欢看我们演的节目。

我们家现在盖农家乐还差很多账，当村长群众也有想法，有一个人还编了个顺口溜：上边来了一样都见不着，只见着村长家的农家乐。上头来的人都来我家吃饭，检查的来我们村，也要来我们家吃。还好，欠账的少了，只是乡上还欠着一些，年底应该能还。

搞农家乐之前开过小卖部，赊赔掉。几毛钱都赊，几分钱就更不用说。到一年年底，赊账都记了两个本子，打点酒去喝也赊着。本来我们也说不赊账的，可东西递到手上，拿走了才说先赊着。

我们还成立了妇女之家，两次被评为优秀妇女之家，我还干妇女主任。国家针对妇女这块有很优惠政策：1. 贷免扶补的低息贷款，这是妇联做的；2. 组织妇女免费体检，有利于妇女的健康。但是也存在问题，体检有病的妇女，被建议在那里看病，收费很高，有的聪明一点的，就会找借口离开，再到其他医院去看；3. 妇女可以参与选举，政府传达事的时候，必须有妇女参加。妇女组织还要参加抓发展、抓和谐、调解夫妻矛盾、维护妇女儿童权益等工作。

现在的问题主要是中央政策落实得不太好，有人就说中央政策传达像陨石，落到地上就化掉。农村工作不好做。

去年（2016 年）烟不好卖，合同少，每家合同大概 300 斤。（我家）栽了 6000 棵烟，卖了 5000（元），合同少，只卖了 500 斤，其中自家有 300 斤，200 斤是租地所得的合同。另外，四家（有的是三家）统一（合用）一张卡。卡在烟站手里，卖的时候卡不拿给个人，我们虽然有个合同，但是控制不了。卖得快的，就先把合同卖掉。有些卖晚的，烟就卖得相对少。还有村民反映，卖烟斤头还会被宰掉，100 斤还被宰掉将近 20 斤，烟在家称完了，到烟站称完，打出单子就少掉。（我们）也没有追究这个事，追究也没有作用。去年我们用了漂盘。今年也要求用漂盘，前几天副站长开会，据说如果用漂盘育苗，一家能给 700 多斤合同，但后来又听说合同还是保证不了。今年要求附近的一个村并在一起育苗，一共给 70 个池子，每个池子补 15 元钱。找不到那么大的地方，而且两个村离得远，这是很麻烦的。上面说规模不够，不给合同。我们家不种烟，就搞搞农家乐，捡菌子，找蜂子，种苞谷，养猪。

访谈六

访谈对象：NXQ

访谈内容：

关于选点：

确定哪个村作为美丽乡村试点村县上是开过会的，因为农村生态文明建设要选个点，要有特色，我们镇分到一个。当时是全镇村委会选一个点，全县我们这只给了一个名额，县上几级领导来看看，开会讨论。有这么几个部门：人大、农机局、土地局、交通局以及其他相关对口单位，大家在一起讨论，讨论之后把点定在 D 村。

这个村子离县城近一点，交通条件较好，村风民风底蕴比较好，周围的植被比较好，镇里想通过搞这个点，把这里的自然风光、有特点的地方，作为县里的一个示范，来带动其他地方搞。

因为全镇只有一个点，别处还是考虑了几处，但看完之后，条件都不如 D 村，人家投资到那里，效果不能明显。因此把点直接定到 D 村，这就是大概的一个过程。

B村没被选是这样的原因，前提是一个乡镇只给一个村，要从这么多的自然村当中选一个，从B村的情况看，第一，文化特点没有；第二，群众本身的素质跟不上；另外，就是资源缺乏。也就是基本条件不好，干部、群众的思想素质也不够。因为不管干什么事，基本条件必须达到，干部、群众思想素质很关键。如果不好，虽然有项目，有好事情，把这个项目落在这个地方，也会出现问题。

干部和群众的思想素质，首先，最起码上面来的政策要能够理解；其次，他要认为，这是个好事情，要把好政策贯彻给老百姓，必须要有这个素质。作为群众来讲，群众起码要认得这个事，作为老百姓也要认为这是个好事情，要从思想上支持，从行动上也要支持，该出工出力的也要出。不能说，给你包化肥还要求驾驶员把它扛到家里。简单讲，我认为已经是这两个方面。

具体做法：

点选了以后，项目确定下来，作为我们来讲，首先是党员开会，党员这一块要重视这个事，要认得这个项目要干什么，这是第一，必须要清楚。之后是召开群众大会，在群众大会上明确这件事具体要干成哪样，要处理污水、搞公路，还是搞村庄绿化，都要开大会来确定，这个项目哪些要多少钱，拿这些钱干什么，这些要搞明白。这些明确好之后，然后干哪些项目再在党员和干部大会上明确出来。比如说村庄绿化，要先提出来，拿出方案，然后发动、贴公告，再招标来搞。

关于招标：

D村的情况是采取硬干，比如建污水处理设施，统一由上面的主管单位算出工程要投入多少，大概一个平方多少钱，算出之后，首先小组干部要认得。在招标上是有点灵活，大老板交押金，要干的每个人交2000块钱。招着的把押金先押着，招不着的把押金退给人家。招标各村有各村的做法，D村的我最清楚，比如说，由主管单位算了个标底，主管单位设标底的时候相对参照了国家政策。和农村的实际情况有点差距，小组干部这块资金少，主管单位算出标底之后，原则上采取主管单位的标放在那里，然后几个老板来，各投各的标，然后把所有来参加投标的人，给出个标底，各个都要投标，你投一个，我投一个，来几个老板投标我不管你，然后加上主管单位的标，比如说来了六家，再把主管单位的标也加上，除以 7，得到平均值，这几家哪一个接近平均值，哪一个就中标。相对来讲还是公平的。工程的评估，这项多少钱，那项多少钱，这个工程给谁干还要看这个公司的资质。哪个有点实力，一要看他这一方面资质有，然后村上要采取邀标。现在我们的生态文明建设项目大部分采取邀标的形式。先把村里要做的项目资金要多少，要怎么做定下来，然后去邀标。我们的工程有些大有些小，比如说十来万元的工程，看着是多，一些大老板还不愿意来做，所以，农村有农村的特点，不像城里盖房子，都是上千万元、上亿元。

主要的工作：

我们农村主要解决的，第一，是村容村貌，因为现在村子都没有钱，村容村貌相当于搞道路文化，道路文化搞完之后，有条件的村子可以盖点文化活动室，也就是公房，这在农村相当实用，遇到红白喜事，来的人都到公房去，就有地方了，不像以前，你家凑板凳，我家凑桌子。现在村上锅碗瓢盆全部凑齐，哪家要办事，跟小组上说一声，不收钱，电费也是小组上出，这就解决了婚、丧、嫁、娶的事情。第二，是厕所。我们原来的厕所是东一个西一个，很简陋，有些人不小心酒喝多了，会掉下去。大项就是公房、厕所、道路。然后就是人畜饮水工程，主要就是做这些，其次就是垃圾池。

存在的问题：

需要改进的多得很，我认为这个政策是好的，但不好的是扶持力度有点小，一个是资金来源小，还有就是数量少。你比如说，一个乡一年应该整个两三个，所以指标要多点；二个是资金投入要多，一个村投入十来万元，够整哪样！要把一个地方搞好、搞的有特点，投入要增大，投入不大，根本就不行。

老百姓这一块呢，跟以前在思想文化上有些不一样，作为我的想法，老百姓集体观念有点淡，缺乏发展意识，我说的是我们山区的整体的发展思路没有，市场意识还比较淡漠，长期受农村古典、传统、落后思想的束缚，缺乏开拓创新。

从基层政府来看，基层这一块首先是村委会，作为村委会干部也好，乡镇干部也好，有这个项目之后，要亲力亲为，全身心投入，不能专靠小组来整，乡上和村委会这块也很重要。要善始善终，协助小组把事情干好，不能只是到村上开开会。

效果：

从效果来看，现在搞得这些老百姓还是喜欢的，以前村里到处是泥巴，厕所也到处都是，粪柴到处乱堆，总体来讲，搞了之后村容村貌得到很大改观，公房也给老百姓带来方便。

但是按照农村生态文明建设的"生产发展、生态良好、生活富裕、村风文明"的要求，还是有很多地方需要改进，从我们这个地方的情况来看，县上要帮助，该给的资金必须在规定时间到位，要落实好，别过了两三年老板的钱还没拿着，反正从上到下要专款专用，本来资金就少，老百姓出工出力，上级特别要对山区加大扶持，我相信下边这些基层还是有信心的，能够把上面给的资金和项目落到实处，确实让老百姓享受到，从大点说是党中央的惠民政策。

展望：

按照我的理解，农村生态文明建设需要继续推进，比如说整体推进，农村生态文明建设和扶贫开发也有一点关系，整村推进是在原有基础上好上加好。

农村生态文明建设的主体应该是农民，是农民自己搞自己受，政府只能是引导，积极参与、投入，老百姓要完全依靠政府，那不得了。

我们这些边远地区，中间组织很少，无非就是一些企业赞助，老板扶持，然后各级各部门协调，这是不是就叫中间组织，我说的这个也属于非官方的，普通老百姓组织的倒是没有。

总之，农村生态文明不好搞，但是还是要有信心的，我始终是从农村上来的，对农村比较了解，现在关键是县上，乡上没有财政，搞的好与坏是乡镇这一级，搞不搞、怎样搞是上头，看你给的钱多不多，给得多搞得就好，上面一定要扶持，不扶持不行，比如说20万元的工程才给了6万元，人家还要想办法凑十几万元，这个工程就不好做，假如给16万元就好做些。

现在还是会搞试点的，指导员继续设置，现在又美丽乡村建设、扶贫开发、家庭庭院建设，现在项目有点多，我认为如果项目太多，会弄乱了，东整一下西整一下，实际上，应该把家庭庭院建设、扶贫包括美丽乡村试点村结合起来搞，资金下来之后要集中起来干重点项目，不要这个村点点眼药，那个村点点眼药，这样效果不太理想，我的想法是干一村要干好一村，三年五年十年八年都起到示范的作用，国家要把这些精力集中在试点村建设上，不能搞平均主义，搞大锅饭，什么大事情也干不了，干就要干出样子，这次钱放在一个村，下次又把钱放在另一个村。

附 录 3

农村生态文明建设文献和
访谈资料收集提纲

一 文献资料收集

1. 调查点所在县（区）的基本概况。包括：交通区位、地形地貌、资源状况、风土人情（主要查找当地的地方志）、人口（数量、性别比例、教育水平、职业状况、家族状况、外出或外来人口等）、经济（经济状况、支柱产业、人均收入水平）、社会（教育、医疗等）、农村生态文明建设总体概况（政府的主要做法、点的数量、总投资、目前状况等）。

2. 调查点所在乡镇基本概况。包括：交通区位、地形地貌、资源状况、风土人情（主要查找当地的地方志）、人口（数量、性别比例、计划生育、教育水平、职业状况、家族状况、外出或外来人口等）、经济（经济状况、支柱产业、人均收入水平等）、社会（教育、医疗等）、农村生态文明建设总体概况（政府的主要做法、点的数量、总投资、目前状况等）。

3. 调查点的基本概况。包括：交通区位、地形地貌、资源状况、风土人情、人口（数量、性别比例、教育水平、职业状况、家族状况、外出或外来人口等）、经济（经济状况、支柱产业、人均收入水平等）、社会（教育、医疗等）、农村生态文明建设总体概况（主要做法、总投资、目前状况等）。

4. 省、市、县、乡、村等颁发的有关农村生态文明建设的文件等。

二　访谈资料收集

（一）村民的访谈调查

1. 试点村民的访谈调查

（1）被访者的基本状况（年龄、性别、学历、家庭基本状况）。

（2）试点村民对国家农村生态文明建设的态度。

（3）对本村被选为试点村的态度。

（4）对本村农村生态文明建设具体做法的态度。

（5）对当地村和乡镇在农村生态文明建设中表现的看法。

（6）对农村生态文明建设采取干部挂点做法和对挂点干部的看法。

（7）对非试点村（村民）的反映的看法。

（8）试点村村民参与农村生态文明建设的积极性。

（9）是否成立中间组织？参与中间组织的积极性如何？

（10）农村生态文明建设实践中感到最困难的事是什么？

（11）对国家和本村农村生态文明建设远景的看法如何？

2. 非试点村村民的访谈调查

（1）被访者的基本状况（年龄、性别、学历、家庭基本状况）。

（2）非试点村村民对国家农村生态文明建设的态度如何？

（3）对本村没被选为试点村的态度如何？

（4）对试点村农村生态文明建设具体做法的态度如何？

（5）对当地村和乡镇在农村生态文明建设中表现的看法如何？

（6）对农村生态文明建设采取干部挂点做法和挂点干部的看法如何？

（7）对试点村（村民）的看法如何？

（8）自己是否愿意积极行动争取成为试点村？

（9）对国家和本村未来农村生态文明建设前景的看法如何？

（二）重点人物

（1）被访者的基本状况（年龄、性别、学历、家庭基本状况）。

（2）对国家农村生态文明建设的态度。

（3）选择试点村的具体程序。

（4）对选取试点村程序的态度。

（5）对试点村具体实践的态度。

（6）对试点村和非试点村村民面对农村生态文明建设心态和行为的看法。

（7）对干部挂点做法的态度。

（8）对自己从事农村生态文明建设工作的评价。

（9）对本地和国家农村生态文明建设远景的看法。

（三）典型项目或事件的调查

（1）试点村在进行农村生态文明建设具体实践中的典型项目工程如何选择？

（2）如何决策？

（3）如何立项？

（4）如何建设？

（5）村民对项目的意见如何？

（6）资金的来源？

（7）如何施工？

（8）如何管理？

（9）如何监督？

（10）建设远景如何？

（11）目前存在哪些问题？

参考文献

一 中文著作

曹荣湘:《走出囚徒困境——社会资本与制度分析》,生活·读书·新知三联书店 2003 年版。

曹荣湘主编:《全球大变暖——气候经济、政治与伦理》,社会科学文献出版社 2010 年版。

费孝通:《乡土中国:生育制度》,北京大学出版社 1998 年版。

冯契:《外国哲学大词典》,上海辞书出版社 2008 年版。

高清海主编:《文史哲百科辞典》,吉林大学出版社 1988 年版。

关信平主编:《社会政策概论》,高等教育出版社 2009 年版。

洪大用等:《中国民间环保力量的成长》,中国人民大学出版社 2007 年版。

洪大用主编:《中国环境社会学:一门建构中的学科》,社会科学文献出版社 2007 年版。

侯钧生:《人类生态学理论与实证》,南开大学出版社 2009 年版。

侯玉波:《社会心理学》(第四版),北京大学出版社 2018 年版。

江泽慧主编:《生态文明时代的主流文化:中国生态文化体系研究总论》,人民出版社 2013 年版。

乐国安等编:《社会学心理学》,中国人民大学出版社 2019 年版。

李慧斌、杨雪冬主编:《社会资本与社会发展》,社会科学文献出版社 2000 年版。

李宪松、王俊芹:《河北省太行山区生态文明村建设进程评价及机制研究》,科学技术出版社 2012 年版。

廖福林:《生态文明建设理论与实践》,中国林业出版社 2003 年版。

廖福林等著:《生态生产力导论——21 世纪财富的源泉和文明的希望》,中国林业出版社 2007 年版。

刘少杰:《国外社会学理论》,高等教育出版社 2006 年版。

刘少杰:《后现代西方社会学理论》,社会科学文献出版社 2002 年版。

刘少杰:《现代西方社会学理论》,吉林大学出版社 1998 年版。

刘书越、李文林:《环境友好论:人与自然关系的马克思主义解读》,河北人民出版社 2009 年版。

陆学艺:《"三农论"——当代中国农业、农村、农民研究》,社会科学文献出版社 2002 年版。

钱海梅:《行动与结构:社会资本与城郊村级治理研究》,经济管理出版社 2013 年版。

沙莲香主编:《社会心理学》,中国人民大学出版社 2006 年版。

孙柏瑛:《当代地方治理:面向 21 世纪的挑战》,中国人民大学出版社 2004 年版。

童志峰:《保卫绿水青山:中国农村环境问题研究》,人民出版社 2018 年版。

王春益主编:《生态文明与美丽中国梦》,社会科学文献出版社 2014 年版。

王芳:《环境社会学新视野——行动者、公共空间与城市环境问题》,上海人民出版社 2007 年版。

奚广庆、王谨:《西方新社会运动初探》,中国人民大学出版社 1993 年版。

夏训峰、席北斗、王丽君、朱建超等编著:《农村环境综合整治与系统管理》,化学工业出版社 2019 年版。

熊小林、韩琳、谢丽霜:《生态文明美好家园:高拱桥村新农村建设实践研究》,中国社会科学出版社 2012 年版。

薛晓源、李惠斌:《生态文明研究前沿报告》,华东师范大学出版社 2007 年版。

燕继荣:《投资社会资本——政治发展的一种新维度》,北京大学出版社 2006 年版。

杨伟民编著:《社会政策导论》,中国人民大学出版社 2019 年版。

杨小波主编:《农村生态学》,中国农业出版社 2009 年版。

曾鸣、谢淑娟:《中国农村环境问题研究制度透析与路径选择》,经济管理出版社 2007 年版。

张红艳、刘平养：《农村环境保护和发展的激励机制研究》，经济管理出
    版社 2011 年版。

张清宇：《西部地区生态文明指标体系研究》，浙江大学出版社 2011 年版。

赵旭阳、郑艳侠、蒋购莉主编：《农村环境保护与生态建设》，中国农业
    出版社 2009 年版。

郑杭生：《中国特色社会学理论的探索：社会运行论、社会转型论、学科
    本土论、社会互构论》，中国人民大学出版社 2005 年版。

郑杭生等主编：《社会学概论新修》，中国人民大学出版社 2002 年版。

郑晓云：《社会资本与农村发展：云南少数民族社会的实证研究》，云南
    大学出版社、云南人民出版社 2011 年版。

中共中央文献研究室：《新时期环境保护重要文献选编》，中共中央文献
    出版社 2001 年版。

中国科学院中国现代化研究中心：《生态现代化原理与方法——第五期中
    国现代化研究论坛论文选集》，中国环境科学出版社 2008 年版。

中国农业百科全书总编辑委员会、农业经济卷编辑委员会、中国农业百
    科全书编辑部：《中国农业百科全书·农业经济卷》，农业出版社 1991
    年版。

中国社会科学院环境与发展研究中心：《中国环境与发展评论》（第 2
    卷），社会科学文献出版社 2004 年版。

周大鸣、秦红增：《参与式社会评估：在倾听中求得决策》，中山大学出
    版社 2005 年版。

朱启酒、钱静、刘莹：《北京农村生态服务供给问题研究》，中国农业出
    版社 2014 年版。

朱启臻：《农业社会学》，社会科学文献出版社 2009 年版。

住房和城乡建设部计划财务与外事司：《2015 年中国城乡建设统计年鉴》，
    中国计划出版社 2016 年版。

二　中文论文

陈朝宗：《论制度设计的科学性与完美性——兼谈我国制度设计的缺陷》，
    《中国行政管理》2007 年第 4 期。

陈树强：《增权：社会工作理论与实践的新视角》，《社会学研究》2003 年第 5 期。

杜云素、萧洪恩：《优势视角下农民的社区参与》，《调研世界》2007 年第 11 期。

关信平：《改革开放 30 年中国社会政策的改革与发展》，《甘肃社会科学》2008 年第 1 期。

韩研、金瑛：《韩国农业机械化促进法》，《世界农业》2000 年第 10 期。

何传启：《中国生态现代化的战略选择》，《理论与现代化》2007 年第 5 期。

洪大用：《经济增长、环境保护与生态现代化——以环境社会学为视角》，《中国社会科学》2012 年第 9 期。

洪大用、罗桥：《迈向社会学研究的新领域——全球气候变化问题的社会学分析》，《中国地质大学学报》（社会科学版）2011 年第 4 期。

胡竹枝、李大胜：《农业技术项目的社会评价：一个新视角》，《科学管理研究》2005 年第 4 期。

焦比方、孙彬彬：《日本环境保全型农业的发展现状及启示》，《中国人口·资源与环境》2009 年第 4 期。

康庄：《韩国"新村运动"30 年》，《环境保护》2007 年第 11 期。

李超云、卞炳乾、朱启彬：《我国水电项目的社会评价方法和经验》，《水力发电》2015 年第 9 期。

李莹：《制度堕距与集体行为——对企业职工集体上访事件的分析》，《青年研究》2007 年第 3 期。

廖福霖：《关于生态文明及其消费观的几个问题》，《福建师范大学学报》（哲学会科学版）2009 年第 1 期。

刘建平、刘文高：《农村公共产品的项目式供给：基于社会资本的视角》，《中国行政管理》2007 年第 1 期。

刘俊新：《农村污水处理需因地制宜》，《中华建设》2017 年第 9 期。

刘晓芳：《西方生态社会主义与我国和谐社会的构建》，《理论探讨》2006 年第 6 期。

刘宇航、宋敏：《日本环境保全型农业的发展及启示》，《沈阳农业大学学报》（社会科学版）2009 年第 1 期。

牛志明：《农村生态文明建设中的环境管理挑战及思路》，《世界环境》2008 年第 1 期。

欧阳景根、李社增：《社会转型时期的制度设计理论与原则》，《浙江社会科学》2007 年第 1 期。

钱穆：《中国文化对人类未来可有的贡献》，《中国文化》1991 年第 4 期。

钱宁：《"社区照顾"的社会福利政策导向及其"以人为本"的价值取向》，《思想战线》2004 年第 6 期。

邱钰斌：《制度、制度绩效与社会资本的内在关联》，《公共问题研究》2009 年第 4 期。

王杰敏：《农村政策执行的制约因素及对策探讨》，《北京航空航天大学学报》2005 年第 2 期。

王思斌：《社会政策时代与政府社会政策能力建设》，《中国社会科学》2004 年第 6 期。

文同爱：《美国环境正义立法评介》，《环境资源法论丛》2005 年第 00 期。

解保军：《马克思循环经济思想探微》，《光明日报》2006 年 12 月 25 日。

辛秋水等：《制度堕距与制度改进——对安徽省五县十二村村民自治问卷调查的研究报告》，《福建论坛》2004 年第 9 期。

徐春：《对生态文明概念的理论阐释》，《北京大学学报》（哲学社会科学版）2010 年第 1 期。

叶大凤：《公共政策执行过程中的"过度偏离"现象探析》，《广西大学学报》2006 年第 4 期。

尹建丽：《论新农村建设中的农村民间组织》，《甘肃农业》2009 年第 1 期。

于晚霞、孙伟平：《生态文明：一种新的文明形态》，《湖南科技大学学报》（社科版）2008 年第 2 期。

张和清、杨锡聪、古学斌：《优势视角下的农村社会工作——以能力建设和资产建立为核心的农村社会工作实践模式》，《社会学研究》2008 年第 6 期。

张青：《农村公共产品供给的国际经验借鉴——以韩国新村运动为例》，《社会主义研究》2005 年第 5 期。

章力建、朱立志：《农村环境污染问题及对策》，《农业环境与发展》2007

年第 6 期。

朱东恺、施国庆：《城市建设征地和拆迁中的利益关系分析》，《中国农村研究》2004 年第 9 期。

［美］克利福德·科布：《迈向生态文明的实践步骤》，王韬洋译，《马克思主义与现实》2007 年第 6 期。

［美］小约翰·柯布：《文明与生态文明》，李义天译，《马克思主义与现实》2007 年第 6 期。

三 中译著作

［法］阿尔贝特·史怀泽：《敬畏生命》，陈洋环译，上海社会科学院出版社 1995 年版。

［英］安东尼·吉登斯：《社会学》（第五版），李康译，北京大学出版社 2009 年版。

［意］奥雷利奥·佩西：《未来的一百页》，汪帼君译，中国展望出版社 1984 年版。

［美］彼得·S. 温茨：《环境正义论》，朱丹琼等译，上海世纪出版集团、上海人民出版社 2007 年版。

［美］丹尼斯·梅多斯：《增长的极限——罗马俱乐部关于人类困境的报告》，李宝恒译，吉林人民出版社 1997 年版。

［日］饭岛申子：《环境社会学》，包智明译，社会科学文献出版社 1999 年版。

［美］弗·卡普拉、查·斯普雷纳克：《绿色政治——全球的希望》，石音译，东方出版社 1988 年版。

［美］蕾切尔·卡逊：《寂静的春天》，吕瑞兰等译，吉林人民出版社 1997 年版。

［美］林南：《社会资本——关于社会结构与行动的理论》，张磊译，上海人民出版社 2004 年版。

［美］迈克尔·M. 塞尼：《把人放在首位——投资项目的社会分析》，王朝刚、张小利译，中国计划出版社 1998 年版。

［英］迈克尔·希尔：《理解社会政策》，刘升华译，商务印书馆 2003 年版。

［法］孟德斯鸠：《论法的精神》，孙立坚等译，陕西人民出版社 2001 年版。

［韩］朴振焕：《韩国新村运动 20 世纪 70 年代韩国农村现代化之路》，潘伟光、郑靖吉、魏蔚等译，中国农业出版社 2005 年版。

［美］塞勒伯：《优势视角——社会工作实践的新模式》，李亚文、杜立婕译，华东理工大学出版社 2004 年版。

世界环境与发展委员会：《我们共同的未来》，王之佳、柯金良等译，吉林人民出版社 1997 年版。

［加］约翰·汉尼根：《环境社会学》，洪大用等译，中国人民大学出版社 2009 年版。

［美］詹姆斯·奥康纳：《自然的理由——生态学马克思主义研究》，唐正东等译，南京大学出版社 2003 年版。